热力发电厂

张志萍　潘晓慧　主编

化学工业出版社

·北京·

内容简介

《热力发电厂》基于常规热力发电厂的发展方向和新能源热力发电的技术现状，在概述我国电力工业发展及热力发电厂特性等的基础上，系统介绍了发电厂动力循环及其热经济性、热电联产及其供热系统、热力发电厂原则性和全面性热力系统，并阐述了太阳能热发电系统及核能、生物质能、地热能等新能源热力发电系统。

本书可供能源动力等相关专业及大型热力发电厂的有关工程技术人员参考，也可作为高等学校能源与动力工程相关专业热力发电厂课程的教材。

图书在版编目（CIP）数据

热力发电厂/张志萍，潘晓慧主编．—北京：化学工业出版社，2024.2

ISBN 978-7-122-44582-7

Ⅰ．①热…　Ⅱ．①张…　②潘…　Ⅲ．①热电厂-高等学校-教材　Ⅳ．①TM621

中国国家版本馆 CIP 数据核字（2023）第 241507 号

责任编辑：孙高洁　　　　文字编辑：陈立璞
责任校对：李雨函　　　　装帧设计：王晓宇

出版发行：化学工业出版社
（北京市东城区青年湖南街 13 号　邮政编码 100011）
印　　装：北京建宏印刷有限公司
710mm×1000mm　1/16　印张 9¾　字数 168 千字
2024 年 3 月北京第 1 版第 1 次印刷

购书咨询：010-64518888　　　　售后服务：010-64518899
网　　址：http://www.cip.com.cn
凡购买本书，如有缺损质量问题，本社销售中心负责调换。

定　　价：80.00 元

编审人员名单

主　　编　张志萍　潘晓慧

编写人员　张志萍　潘晓慧　青春耀

　　　　　李亚猛　张　甜　刘　亮

主　　审　张全国

前言

随着社会经济的迅速发展，电能逐渐成为利用最多的能源形式之一。目前，热力发电是主要发电形式之一，热力发电厂也成为能源与动力工程专业本科生的一门必修课。为适应我国电力工业飞速发展的趋势，助力我国碳达峰、碳中和目标的实现，以及满足高等学校能源与动力工程专业教学和工程应用的实际需求，尤其是兼顾农林类院校等新工科新农科融合特色，编写了这部内容精简、新能源发电比重较大的图书。

希望通过阅读本书，读者能够掌握热力发电厂基本系统的构成，熟悉热力发电厂热经济性的评价方法及其评价指标，清楚热力发电厂动力循环的过程，进行热力发电厂的热经济性分析，掌握热力发电厂主要热力系统的构成及原理，重点掌握回热加热系统、供热系统、输煤系统和供水系统、除尘除灰系统的构成及基本原理，对热力发电厂整体进行经济性评价，初步了解热力发电厂的原则性热力系统和全面性热力系统布置。同时，本书介绍了多种新能源热力发电系统，帮助读者熟悉新能源热力发电系统的原理和关键技术，这将为碳中和专业人才的培养提供重要支持。

本书由河南农业大学张全国教授主审，河南农业大学张志萍和潘晓慧主编并统稿。第 1 章和第 4 章由李亚猛编写，第 2 章由潘晓慧编写，第 3 章由张志萍编写，第 5 章由青春耀编写，第 6 章由青春耀、李亚猛、张甜和刘亮共同编写。农业农村部可再生能源新材料与装备重点实验室的研究生焦映钢、杨旭东、艾福轲等也为本书的编写付出了辛勤劳动，在此表示诚挚的感谢。

由于编者水平有限，书中不足之处在所难免，恳请读者指正。

编者

2023 年 12 月

目录

第1章 绪 论

1.1 中国电力工业的发展

电力工业通过发电设施将化石能源（煤炭、石油、天然气）和非化石能源（水能、海洋能、风能、太阳能、生物质能、核能）等一次能源转换成电能，再通过输电、变电与配电系统供给用户。作为能源的工业部门，包括发电、输电、变电、配电等环节。电能的生产过程和消费过程是同时进行的，其既不能中断，也不能储存，需要统一调度和分配。电力工业为工业和国民经济其他部门提供基本动力，是国民经济发展的先行部门。

改革开放以来，我国电力工业进入了高速发展的时代。经过几十年的发展，我国的电力工业行业规模“从小到大”，电力工业行业实力“从弱到强”，能源供给结构日渐完整，供电能力稳步增强，创造了世界电力工业行业历史上的“中国奇迹”。

21 世纪前 20 年，是我国电力发展的关键时期，也是中国电力发展规模最大的时期。20 世纪 50～60 年代，我国平均每年新增装机容量在 1.1GW 左右，而到了 70 年代上升为 4.2GW，80 年代上升为 7.2GW，90 年代上升为 19GW，几乎每十年翻一番。在 1990 年底，我国的发电装机容量仅为美国的 20.3%。而到 2015 年，我国的发电装机容量达到了 145.4GW，超越美国，跃居世界第一位；同时发电量也超过了美国，达到 5.62 万亿千瓦·时。

中国装机容量和发电量逐渐增加的同时，电能的质量也得到了明显的提升。改革开放初期，中国只有为数不多的 200MW 火电机组。而到 2007 年底，我国 300MW、600MW 及以上机组已分别占总装机容量的 50.15% 和 21.53%。目前，300MW、600MW 及以上大型发电机组已成为电网的主力机组，并逐步向世界最先进水平的百万千瓦级超临界机组发展。截至 2020 年底，中国已拥有超百台百万千瓦级超临界机组。大机组的广泛应用使得我国火电的发电效率大大提高，我国热电厂供电煤耗从1978年的471g/(kW·h)下降到了2019年的306g/(kW·h)。同时，中国的电力结构也在不断优化。在2020年22亿千瓦的装机容量中，火电装机容量为124517万千瓦，水电为37016万千瓦，核电为4989万千瓦，并网的风电为28153万千瓦，并网的太阳能发电为25343万千瓦。可见火电仍然在挑大梁，份额约占56.6%，其次为水电，占16.8%，风电约占12.8%，太阳能发电约占11.5%，核电最少，只占2.27%左右。2020年，我国发电量达到7.42万亿千瓦·时。其中，火力发电量为5.28万亿千瓦·时，同比增长1.2%，占全国发电量的比例仍高达71.16%；水力发电量同比增长5.3%，总量提升至1.214万亿千瓦·时，占比约为16.36%，仍是我国第二大发电类型；风力发电量排在第三，同比增长10.5%，达到了4146亿千瓦·时，占全国发电量的比例为5.6%；第四是核电，发电量为3662.5亿千瓦·时，同比增长5.1%，占比为4.9%；最后是太阳能发电，发电量达到了1421亿千瓦·时，同比增长8.5%，但占全国发电量的比例只有1.9%。不过风电和太阳能发电这两类可持续新能源发电的装机容量增长最快，2020年相比2019年风电增加了34.6%，太阳能发电增加了24.1%，也正是因为这两者装机容量的飞速增加，使得2020年火电的装机容量增加量首次降到了50%以下。截至2023年7月底，全国累计发电装机容量约27.4亿千瓦，同比增长11.5%。其中，太阳能发电装机容量约4.9亿千瓦，同比增长42.9%；风电装机容量约3.9亿千瓦，同比增长14.3%。整体来看，虽然清洁能源的占比在2020年继续获得了提升，但我国电力市场依然高度依赖“以燃煤发电为主的火力发电”，能源清洁化道路依然漫长。

我国在注重研究火电装机容量的同时，也开始重视电力的节能环保问题。自1990年起，我国先后对《火电厂大气污染物排放标准》进行修订，对燃煤锅炉二氧化硫、氮氧化物等的排放进行了更严格的限制。目前火电厂参考的标准《火电厂大气污染物排放标准》(GB 13223—2011)是2012年1月1日实施的。该标准规定了火电厂大气污染物排放浓度限值、监测和监控要求，以及标准的实施与监督等。该标准适用于现有火电厂的大气污染物排放管理以及火电厂建设项目的环境影响评价、环境保护工程设计、竣工环境保护验收及其投产后的大气污染物排放管理。还适用于使用单台出力65t/h以上除层燃炉、抛煤机炉外的燃煤发电锅炉；各种容量的煤粉发电锅炉；单台出力65t/h以上燃油、燃气发电锅炉；各种容量的燃气轮机组的火电厂；单台出力65t/h以上采用煤矸石、生物质、油页岩、石油焦等燃料的发电锅炉，参照该标准中循环流化床火力发电锅炉的污染物排放控制要求执行。整体煤气化联合循环发电的燃气轮机组执行该标准中燃用天然气的燃气轮机组排放限值。但该标准不适用于各种容量的以生活垃圾、危险废物为燃料的火电厂。为贯彻《中华人民共和国环境保护法》，改善环境质量，落实排污许可制度，加快环境技术管理体系建设，推动污染防治技术进步，环境保护部还批准《火电厂污染防治可行技术指南》为国家环境保护标准，并于2017年6月1日实施。随着相应法律法规的实行，我国常规的火电节能减排逐步进入正轨，整体技术水平挤进世界前列。

改革开放以来，我国电力设备制造业取得了显著的成绩，但在相当长的一段时期内，300MW级及以下机组是我国发电设备的主流。2000年，上海电气成功制造出我国第一套600MW超临界火电机组。2006年，上海电气成功制造出我国第一套兆瓦级超超临界机组。同年，哈尔滨电气自行开发研制出国内首台600MW超临界汽轮机，成为我国发电设备发展史上的里程碑。2007年12月，由哈尔滨电气集团制造三大主机设备的江苏泰州电厂100万千瓦级超超临界机组投运，西安热工研究院和上海发电设备成套设计研究院对其性能进行测试，其热耗约为7260kJ/kW·h，供电煤耗为285g/kW·h，达到了国际先进水平。到2010年底，国内三大电站设备制造集团承接的超临界火电机组的订单就已经达到了200余台，有100多台设备已经投运；超超临界机组达76台，有30多台已经投运。迄今为止，我国已成为世界上百万千瓦时超超临界机组投运最多的国家之一。在传统火电之外，我国核电也在稳步发展。我国核电起步于20世纪80年代中期，1985年自主设计与建造的首座300MW的压水堆核电站——秦山核电站，起到了开拓者的重要角色。而目前我国已经掌握了1000MW及以上功率的压水堆核电机组的设计和建造技术，建设并运行了全球首台AP1000技术的核电机组——三门峡核电1号机。在核电站的生产运营方面，截至2020年末，我国共有16座核电站投入运行，运行核电机组达49台，总装机容量达51027.16MW；全国累计发电量为74170.40亿千瓦·时，运行核电机组累计发电量为3662.43亿千瓦·时，占全国累计发电量的4.94%。截至目前，我国在建核电机组24台，总装机容量2681万千瓦，继续保持全球第一；商运核电机组54台，总装机容量5682万千瓦，位列全球第三。

自《中华人民共和国可再生能源法》实施以来，我国进入了可再生能源快速发展时期，市场规模不断壮大。可再生能源开发利用取得明显成效，水电、风电、光伏发电等能源种类累计装机规模均居世界首位。可再生能源在能源结构中的占比不断增大，能源结构朝着清洁化、优质化方向发展，为我国经济快速发展提供了重要保障。2023年前三季度，全国可再生能源新增装机1.72亿千瓦，同比增长93%，占新增装机的76%。其中，水电新增装机788万千瓦，风电新增装机3348万千瓦，光伏发电新增装机12894万千瓦，生物质发电新增装机207万千瓦。截至2023年9月底，全国可再生能源装机容量约为13.84亿千瓦，同比增长20%，该容量大约占到我国总装机容量的49.6%，其中，水电装机4.19亿千瓦，风电装机4亿千瓦，光伏发电装机5.21亿千瓦，生物质发电装机0.43亿千瓦。可再生能源装机规模不断实现新突破，装机规模已超过常规火电，可再生能源发电量稳步提升。

近年来，在可再生能源发电技术迅猛发展的同时，我国高效、清洁、低碳的火力发电技术不断创新，相关技术研究和实际运用达到了国际领先水平，未来短期内火电将继续占据我国发电行业的主导地位。但是从长期发展来看，以化石能源为主的传统能源发展方式难以为继，必须走清洁低碳发展的道路，尽快实现发电方式的转变，助力我国碳达峰、碳中和目标的实现，用清洁性能源代替化石能源。但在此过程中，还需要火电机组提供过渡，弥补可再生能源发电过程中出现的发电不足等问题，保证电力的供应充足。因此，为服务国家“双碳”目标，以及“双碳”战略提出后电力行业的长远发展需要，未来火电行业相关企业应积极变革，积极融入和服务新型电力市场建设，加快推进热力发电机组的升级改造，综合考虑煤电节能改造、供热改造及灵活性改造；在对功能进行定位时，注重更多地承担系统调峰、调频、调压和备用功能，积极发挥其在能源服务市场上的“托底保供”的作用。

1.2 认识热力发电厂

1.2.1 热力发电厂概述

热力发电厂是指在发电的同时，还利用汽轮机的抽汽或排汽为用户供热的发电厂，简称热电厂。其主要工作原理是将发电后的热水再次加热后供暖。热电厂运行过程中，燃料在锅炉内燃烧，将锅炉里的水加热产生蒸汽；然后具有一定温度、压力的蒸汽经主汽阀和调节汽阀进入汽轮机内，依次流过一系列环形安装的喷嘴栅和动叶栅而膨胀做功，将其热能转换成推动汽轮机转子旋转的机械能，通过联轴器驱动发电机发电。膨胀做功后的蒸汽由汽轮机排汽部分排出，排汽至凝汽器凝结成水，凝结水再送至加热器，加热后的凝结水经给水送往锅炉加热成蒸汽，蒸汽重新进入汽轮机膨胀做功，如此形成一个循环。也就是说蒸汽的热能首先在喷嘴栅中转变为动能，然后在动叶栅中转变为机械能。

热电厂（与发电厂不同，主要是为热用户供热，在保证供热的基础上多余蒸汽用以发电）由于客观事实不可能与大型发电厂在同等起跑线上“竞价上网”。其装机容量受热负荷大小、性质等制约，机组规模要比发电厂的主力机组小很多。热电厂由于既发电又供热，锅炉容量大于同规模发电厂，并且水处理量也大。为了满足供热要求，热电厂必须靠近热负荷中心，而热负荷中心往往又是人口密集区的城镇中心，其用水、征地、拆迁、环保要求等均大大高于同容量发电厂，同时还必须在发电的基础上建设合理的热力管网。

一般发电厂都采用凝汽式机组，只生产电能向用户供电，工业生产和人们生活用热则由特设的工业锅炉及采暖锅炉单独供应。这种能量生产方式称为热电分产。在热电厂中则采用供热式机组，除了供应电能以外，同时还利用做过功（即发了电）的汽轮机抽汽或排汽来满足生产和生活中所需的热量。这种能量生产方式称为热电联产。在热电联产中，燃料的化学能首先转变为高品位热能用来发电，然后做过功的低品位热能向用户供热，这符合按质用能和综合用能的原则。所以热电厂的特点是，一次能源利用得比较合理，做到了按质供能、梯级用能、能尽其用，节约了地区整个能量供应系统的能源。

一个庞大而又复杂的热电厂主要由五个系统组成：燃料系统、燃烧系统、汽水系统、电气系统和控制系统。在这些系统中，最主要的设备是锅炉、汽轮机、发电机。锅炉的主要任务是通过使燃料燃烧将化学能转化为热能，并且以此热能加热水，使其成为一定数量和质量（压力和温度）的蒸汽，供汽轮机组发电；汽轮机是完成蒸汽热能转化为机械能的汽轮机组的基本部分；发电机是将机械能转化为电能的电气设备。除此之外，一个热电厂的运行也需要别的系统进行辅助，如供水系统、燃料储运系统、除灰系统、水处理系统、厂用电系统及变电所等。

1.2.2　热经济指标

热电厂的热经济指标相比凝汽式电厂和供热锅炉房要复杂得多。前者同时生产形式不同、质量不等的两种产品——热能和电能；而后者只生产单一产品。所以反映热电厂的热经济性，除了用总的热经济指标以外，还必须有生产热、电两种产品的分项指标。

① 总热效率。热电厂的能量输出和输入的比值。它反映热电厂中燃料有效利用程度在数量上的关系，因而是一个数量指标。

② 热化发电率。供热机组热化发电量与热化供热量的比值。热化发电率是反映热电联产的质量指标。

③ 发电方面的热经济指标。热电厂发电量与发电分担总热耗份额的比值。它可以表示为发电热效率、发电热耗率及发电煤耗率。

④ 供热方面的热经济指标。热电厂供热量与供热分担总热耗份额的比值。它可以表示为供热热效率及供热煤耗率。

1.2.3 运行特性

以热电联产为基础的热电厂，其运行特点与许多因素有关，如热负荷特性、供热机组形式、连接电网的特性等。热电厂根据供热机组的不同分为背压式供热机组的热电厂，抽汽、凝汽式供热机组的热电厂，背压式和抽汽式供热机组的热电厂，以及抽汽式供热机组和工业锅炉的热电厂。

背压式供热机组的热电厂具有以下特点：生产的热量与电量之间相互制约，不能独立调节，一般是按热负荷要求来调节电负荷；热负荷变化时，电功率随之变化，难以同时满足热负荷和电负荷要求，当满足不了电负荷要求时，就要依靠电力系统的补偿容量来承担热电厂发电不足的电量。

装有抽汽、凝汽式供热机组的热电厂，由于其机组相当于背压式和凝汽式机组的组合，具有以下特点：热、电生产有一定的自由度，在规定范围内热、电负荷可以独立调节，对热、电负荷变化适应性较强。

装有背压式和抽汽式供热机组的热电厂，其运行特点是在冬季采暖期间，使背压式机组投入运行，而在夏季时期则投入抽汽式机组运行，并停用背压式机组。这样可以提高热电厂的运行经济性。

装有抽汽式供热机组和工业锅炉的热电厂，其运行特点除具有抽汽式供热机组的运行特点外，还可以把工业锅炉投入运行，以应对尖峰热负荷的需要。这样就能增加热电联产和集中供热的效益。

热电厂中，一般采用背压式供热机组和工业锅炉。其运行特点是：在一年中长时间使用背压式机组来满足本厂的热负荷和电负荷，而在尖峰热负荷出现时，则投入工业锅炉运行。若此时满足不了电负荷需要，则由电力系统的补偿容量来弥补。

第2章 发电厂动力循环及其经济性

2.1 热力发电厂的热经济性评价方法

2.1.1 热经济性评价的主要方法

热电厂的经济效益一般用综合经济效益予以评价，包括热经济性、安全可靠性、投资、建设工期、物资消耗、人员配置等。其中，热经济性主要用来说明热力过程中各部分的能量利用情况以及电厂燃料利用程度，可充分反映热电厂能量利用、热功转换技术的先进性和运行的经济性，是热电厂一切经济性的基础，也是本章讨论的内容。

热电厂的电能生产过程与凝汽式发电厂的电能生产过程一致，实际上是三种形式的能量转换过程：①在锅炉中燃料的化学能释放转化为蒸汽的热能；②引往汽轮机膨胀做功的热能转化为机械能；③拖动发电机的机械能最终转换为对外供应的电能。在整个能量转换的过程中，在不同的部位会由各种不同的原因，导致各种大小不同的能量损失。热电厂的热经济性正是通过能量转换过程中的能量利用程度（正热平衡法）或者能量损失的大小（反热平衡法）来衡量或者评价的。研究能量损失产生的部位、大小、原因及其相互关系，找出减少这些损失的方法和相应措施，可提高热电厂的热经济性。

评价热电厂的热经济性有两种方法：热量法（效率法）和做功能力分析法（熵分析法、㶲分析法）。热量法是以燃料产生的热量被利用的程度对热电厂的热经济性进行评价，可以用各种效率或损失率的大小来衡量，一般用于热电厂热经济性的定量分析。做功能力分析法是以能量做功能力的有效利用程度或做功能力损失的大小作为评价动力设备热经济性的指标，一般用于热电厂热经济性的定性分析。

2.1.1.1 热量法

热量法（效率法）以热力学第一定律为基准，即有效利用热量与供给热量之比。就动力装置的循环而言，是计算某一热力循环中装置或设备有效利用的能量占所消耗能量的百分数，并以此数值作为评价动力设备在能量利用方面完善程度的指标。其实质是能量的数量平衡。热效率的通用表达式如下：

$$热效率=\frac{有效利用热量}{供给热量}\times 100\%=\left(1-\frac{损失热量}{供给热量}\right)\times 100\%$$

凝汽式发电厂为只发电不供热的电厂，其生产过程及能量转换过程是讨论其他所有类型发电厂生产过程的基础，因此应对此过程进行深入分析。图 2-1 示意凝汽式发电厂生产过程，图中的参数以绝对量表示。各装置中的能量转换平衡关系如表 2-1 所示，且各种损失和热效率及热损失率如表 2-2 所示。

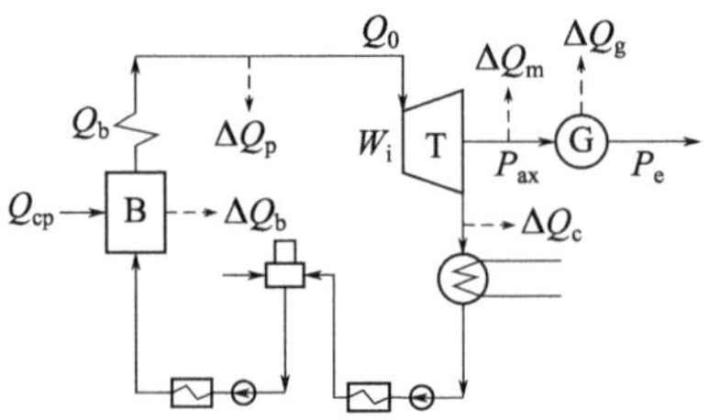

图 2-1 凝汽式发电厂生产过程示意图

表 2-1 凝汽式发电厂能量转换平衡关系

平衡关系	等式
锅炉能量	输入燃料热量 Q_{cp} ＝锅炉热负荷 Q_b ＋锅炉热损失 ΔQ_b
管道能量	锅炉热负荷 Q_b ＝汽轮机热耗 Q_0＋管道热损失 ΔQ_p
汽轮机能量	汽轮机热耗 Q_0＝汽轮机内功率 W_i ＋汽轮机冷源损失 ΔQ_c
汽轮机机械能量	汽轮机内功率 W_i ＝发电机输入功率 P_{ax} ＋机械损失 ΔQ_m
发电机能量	发电机输入功率 P_{ax} ＝发电机输出功率 P_e ＋能量损失 ΔQ_g
全厂能量	全厂热耗量 Q_{cp} ＝发电机输出功率 P_e ＋全厂能量损失 $\sum\limits_{cp}\Delta Q_j$

表 2-2　凝汽式发电厂的热效率及热损失率

设备	有效利用热量/(kJ/h)	热效率/%	热损失率/%
锅炉	$Q_b=Q_{cp}-\Delta Q_b$	$\eta_b=\dfrac{Q_b}{Q_{cp}}=1-\dfrac{\Delta Q_b}{Q_{cp}}$	$\zeta_b=\dfrac{\Delta Q_b}{Q_{cp}}=1-\eta_b$
主蒸汽管	$Q_0=Q_b-\Delta Q_p$	$\eta_p=\dfrac{Q_0}{Q_b}=1-\dfrac{\Delta Q_p}{Q_b}$	$\zeta_p=\dfrac{\Delta Q_p}{Q_{cp}}=\eta_b(1-\eta_p)$
汽轮机	$W_i=Q_0-\Delta Q_c$	$\eta_i=\dfrac{W_i}{Q_0}=1-\dfrac{\Delta Q_c}{Q_0}$	$\zeta_i=\dfrac{\Delta Q_c}{Q_{cp}}=\eta_b\eta_p(1-\eta_i)$
机械传动	$3600P_{ax}=W_i-\Delta Q_m$	$\eta_m=\dfrac{3600P_{ax}}{W_i}=1-\dfrac{\Delta Q_m}{W_i}$	$\zeta_m=\dfrac{\Delta Q_m}{Q_{cp}}=\eta_b\eta_p\eta_i(1-\eta_m)$
发电机	$3600P_e=3600P_{ax}-\Delta Q_g$	$\eta_g=\dfrac{P_e}{P_{ax}}=1-\dfrac{\Delta Q_g}{3600P_{ax}}$	$\zeta_g=\dfrac{\Delta Q_g}{Q_{cp}}=\eta_b\eta_p\eta_i\eta_m(1-\eta_g)$
发电厂	$3600P_e=Q_{cp}-\sum\limits_{cp}\Delta Q_j$	$\eta_{cp}=\dfrac{3600P_e}{Q_{cp}}=1-\dfrac{\sum\limits_{cp}\Delta Q_j}{Q_{cp}}$	$\sum\limits_{cp}\zeta_j=\dfrac{\sum\limits_{cp}\Delta Q_j}{Q_{cp}}$

2.1.1.2　做功能力分析法

做功能力分析法基于热力学第二定律，包括熵方法（㶲损/做功能力损失）和㶲方法（可用能法/做功能力法）。此处仅介绍熵方法，即以做功能力损失作为评价动力设备热经济性的指标，通过熵增（熵产）的计算来确定做功的损失。环境温度为 T_{amb}，则熵增 Δs 引起的做功损失 I 为

$$I=T_{amb}\Delta s\,(\text{kJ/kg}) \tag{2-1}$$

则全厂做功损失 I_{cp} 为

$$I_{cp}=\sum_{cp}I\,(\text{kJ/kg}) \tag{2-2}$$

（1）三种典型的不可逆过程

在热电厂的能量转换过程中，存在三种典型的不可逆过程：存在温差的换热、工质绝热节流和工质膨胀或压缩过程。

① 存在温差的换热过程。这个过程存在于锅炉、冷凝器、加热器中。如

图 2-2 所示，1～2 过程，工质 A 放热，平均温度为 $\overline{T}_A$，单位工质的熵减少 Δs_A，放热量为 $\overline{T}_A \Delta s_A$；3～4 过程，工质 B 吸热，平均温度为 $\overline{T}_B$，单位工质的熵增加 Δs_B，吸热量为 $\overline{T}_B \Delta s_B$。

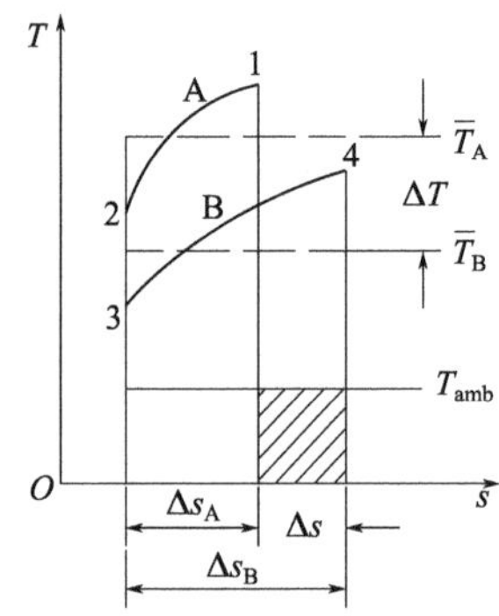

图 2-2　存在温差的换热过程 T-s 图

由吸热量与放热量相等的能量平衡原理可知，单位工质的换热量为

$$\delta q = \overline{T}_A \Delta s_A = \overline{T}_B \Delta s_B \tag{2-3}$$

换热过程的熵增为

$$\Delta s = \Delta s_B - \Delta s_A = \frac{\delta q}{\overline{T}_B} - \frac{\delta q}{\overline{T}_A} = \delta q \frac{\Delta \overline{T}}{\overline{T}_B \overline{T}_A} \tag{2-4}$$

式中，$\Delta \overline{T} = \overline{T}_A - \overline{T}_B$。

换热过程工质做功能力的损失，即阴影部分的面积为

$$I = T_{amb} \Delta s = T_{amb} \frac{\delta q \Delta \overline{T}}{\overline{T}_B \overline{T}_A} \tag{2-5}$$

由式（2-5）可知，环境温度 T_{amb} 一定时，换热温度差 $\Delta \overline{T}$ 越大，熵增和做功能力的损失也越大；δq 越大，由 $\Delta \overline{T}$ 引起的做功能力损失越大。如果 $\Delta \overline{T}$ 一定，工质 B 的平均温度 $\overline{T}_B$ 越高，做功能力损失越小。总之，高温换热的做功能力损失比低温换热小。

② 工质绝热节流过程。蒸汽在汽轮机进汽调节机构中的节流过程为绝热节流过程，节流前后工质的焓不变（非等焓过程），如图 2-3 所示。即

$$dh = 0 \tag{2-6}$$

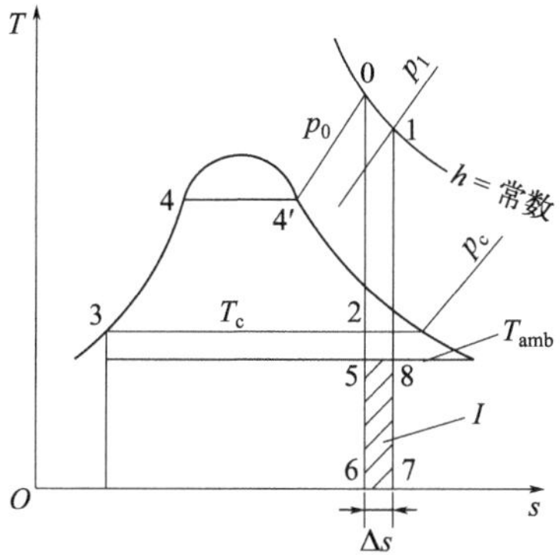

图 2-3　工质绝热节流过程 T-s 图

热力学第一定律解析式

$$\delta q = dh - v dp \tag{2-7}$$

对于微元可逆过程，有

$$\delta q = T ds \tag{2-8}$$

节流过程的做功能力损失为

$$I = T_{amb} \Delta s = -T_{amb} \int_{p_0}^{p_1} \frac{v}{T} dp \tag{2-9}$$

式中，v、T 为工质的比体积和温度，m^3/kg，K；dp 为工质的压降，MPa。

③ 工质膨胀或压缩过程。蒸汽在汽轮机中的膨胀过程是一个不可逆过程（图 2-4），由不可逆过程引起的熵增为

$$\Delta s = s'_c - s_c \tag{2-10}$$

做功能力的损失为

$$I = T_{amb} \Delta s = T_{amb} (s'_c - s_c) \tag{2-11}$$

同理，在热电厂热力系统中，工质在水泵中被不可逆绝热压缩也将引起做功能力的损失。显然，减少工质膨胀或压缩过程做功能力损失的途径是减少其做功过程中的扰动、摩擦等不可逆影响。

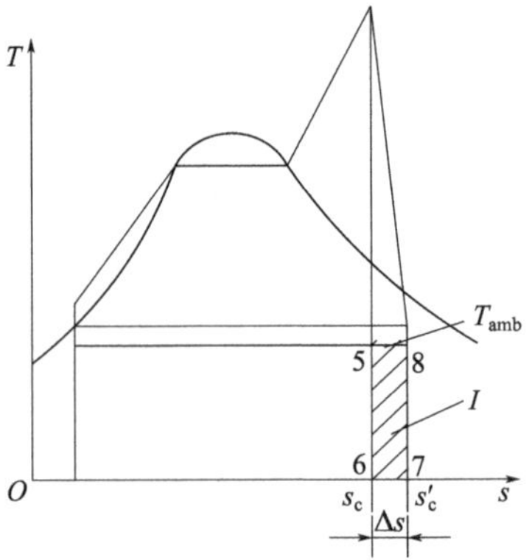

图 2-4　工质膨胀或压缩过程 T-s 图

（2）凝汽式发电厂各种损失及全厂总效率 η_{cp}

图 2-5 为凝汽式发电厂热力系统图，图中下标 fw 表示给水，0 表示主蒸汽初参数，1 表示汽轮机入口参数，2 表示汽轮机出口参数，3 表示凝汽器出口参数。图 2-6 为凝汽式发电厂做功能力损失分布图，图中各装置的做功能量损失如表 2-3 所示。

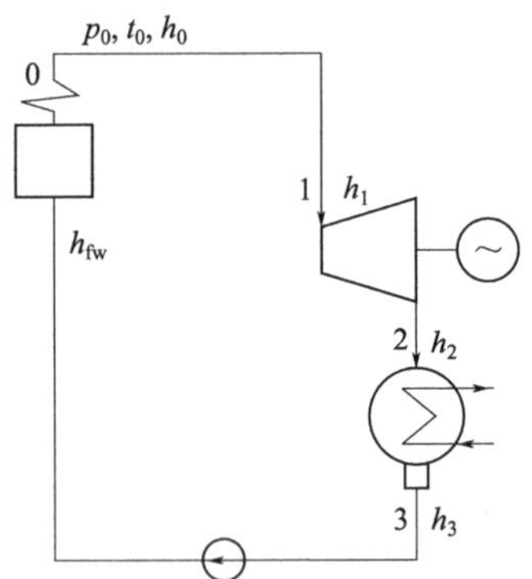

图 2-5　凝汽式发电厂热力系统图

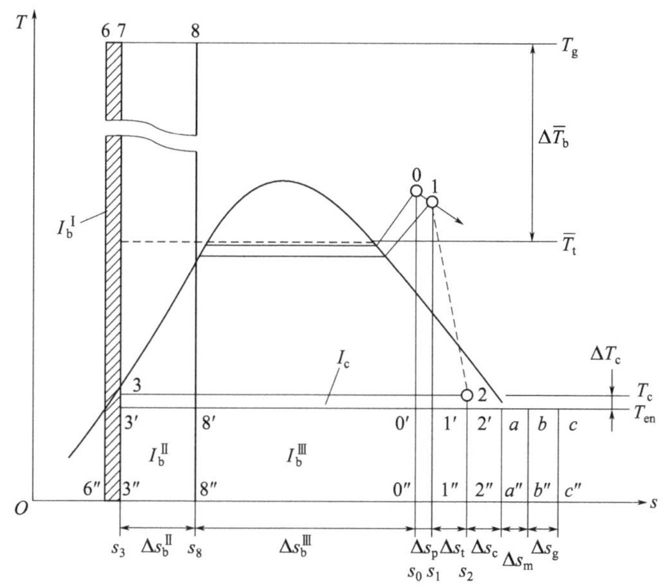

图 2-6　凝汽式发电厂做功能力损失分布图

T_g—燃烧时的烟气温度；T_{en}—环境温度；T_c—凝结水温度；$\overline{T}_t$—水冷壁中土质平均温度

表 2-3　凝汽式发电厂的做功能量损失

设备名称	做功能量损失所示面积	做功能量损失/(kJ/kg)
(1)锅炉	6—7—3″—6″—6+ 3′—0′—0″—3″—3′	$I_b = I_b^{I} + I_b^{II} + I_b^{III}$ $= (1-\eta_b)q' + T_{en}(s_{8'} - s_{3'}) + T_{en}(s_{0'} - s_{8'})$
① 散热损失	6—7—3″—6″—6	$I_b^{I} = q'(1-\eta_b)$
② 化学能转化为热能	3′—8′—8″—3″—3′	$I_b^{II} = T_{en}\Delta s_b^{II} = T_{en}\dfrac{q_0}{T_g}$
③ 工质温差传热	8′—0′—0″—8″—8′	$I_b^{III} = T_{en}\Delta s_b^{III} = T_{en}(s_{0'} - s_{8'})$
(2)主蒸汽管	0′—1′—1″—0″—0′	$I_p = T_{en}(s_1 - s_0) = T_{en}\Delta s_p$
(3)汽轮机内部	1′—2′—2″—1″—1′	$I_t = T_{en}(s_2 - s_1) = T_{en}\Delta s_t$
(4)凝汽器	3—2—2′—3′—3	$I_c = (T_c - T_{en})(s_2 - s_3) = T_{en}\Delta s_c$
(5)汽轮机机械摩擦损失	$a-b-b''-a''-a$	$I_m = (h_1 - h_2)(1-\eta_m) = T_{en}\Delta s_m$
(6)发电机	$b-c-c''-b''-b$	$I_g = (h_1 - h_2)(1-\eta_g)\eta_m = T_{en}\Delta s_g$

续表

设备名称	做功能量损失所示面积	做功能量损失/(kJ/kg)
发电厂	$6-7-3''-6''-6+3-2-2''-3''-3+a-c-c''-a''-a$	$I_{cp}=I_b+I_p+I_t+I_c+I_m+I_g$
全厂总效率	$\eta_{cp}=1-\dfrac{I_{cp}}{q}$	

2.1.2 两种热经济性评价方法的比较

热量法、熵方法和㶲方法三种方法从不同的角度评价了发电厂的热经济性。热量法是以热力学第一定律为基础，从数量上计算各设备及全厂的热效率，但只表明能量数量转换的结果，不能揭示能量损失的本质原因；而熵方法及㶲方法主要以热力学第二定律为基础，解释热功转换过程中由于不可逆性而产生的做功能力损失，不仅可以表明能量转换的结果，而且还考虑了不同能量有质的区别。热量法和熵方法的热流图和能流图如图 2-7 所示。

2.2 凝汽式发电厂的主要热经济性指标

我国发电厂采用热量法定量评价热经济性，衡量对象为汽轮发电机组或整个发电厂，常用的热经济指标主要有能耗量、能耗率以及效率。能耗量包括汽耗量、热耗量、煤耗量，以每小时、每年计算；能耗率包括汽耗率、热耗率、煤耗率，以每千瓦·时或兆瓦·时计算；而效率以百分率来度量。

(1) 汽耗量 D_0 和汽耗率 d

在电功率为 P_e 时，单位时间汽轮发电机组生产电能所消耗的蒸汽量，称为汽轮发电机组的汽耗量。

热能变为电能的热平衡方程为

$$D_0W_i\eta_m\eta_g=3600P_e \tag{2-12}$$

由汽轮机的实际内功

$$W_i=\sum_1^Z\alpha_j\Delta h_j+\alpha_c\Delta h_c \tag{2-13}$$

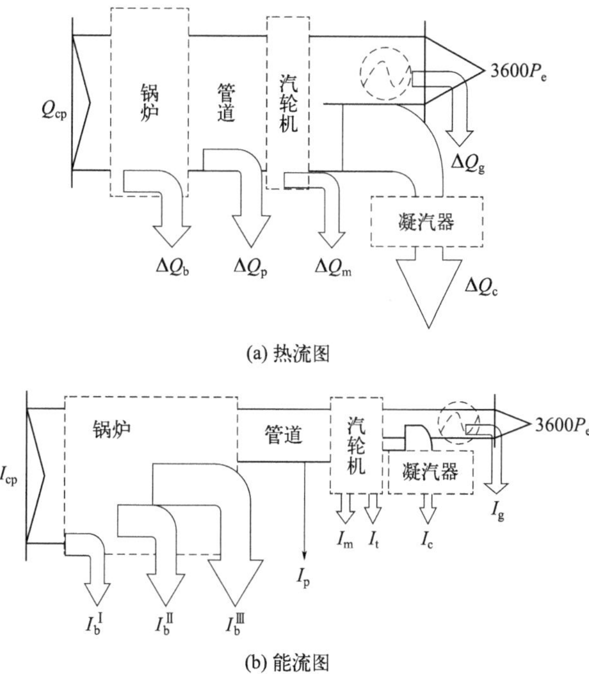

图 2-7　凝汽式发电厂能量转换过程示意图

可得

$$D_0(\sum_1^Z \alpha_j \Delta h_j + \alpha_c \Delta h_c)\eta_m \eta_g = 3600P_e \tag{2-14}$$

将 $\alpha_c = 1 - \sum_1^Z \alpha_j$ 代入式（2-14）后得到

$$D_0 = \frac{3600P_e}{(h_0 - h_c + q_{rh})(1 - \sum_1^Z \alpha_j Y_j)\eta_m \eta_g} (\mathrm{kg/h}) \tag{2-15}$$

式中，α_c、α_j 为汽轮机进汽为 1kg 时抽汽、凝汽的份额；Y_j 为抽汽做功不足系数，它表示因回热抽汽而做功不足部分占应做功量的份额。

抽汽在再热前：

$$Y_j = \frac{h_j - h_c + q_{rh}}{h_0 - h_c + q_{rh}} \tag{2-16}$$

抽汽在再热后：

$$Y_j=\frac{h_j-h_c}{h_0-h_c+q_{rh}} \tag{2-17}$$

式中，h_0、h_c、h_j 为新蒸汽、抽汽和凝结水的比焓，kJ/kg；q_{rh} 为 1kg 再热蒸汽的吸热量，kJ/kg。

汽轮发电机组每生产 1kW·h 的电能所需要的蒸汽量，称为汽轮发电机组的汽耗率。

$$d=\frac{D_0}{P_e}=\frac{3600}{W_i\eta_m\eta_g}=\frac{3600}{(h_0-h_c+q_{rh})(1-\sum_1^Z\alpha_jY_j)\eta_m\eta_g} \tag{2-18}$$

对于非再热机组，$q_{rh}=0$，式（2-15）与式（2-18）分别为回热循环时的汽耗量、汽耗率；若 $\sum\alpha_j=0$，即为纯凝汽式机组（无回热、再热）的汽耗量、汽耗率。

（2）热耗量 Q_0 和热耗率 q

① 热耗量 Q_0。单位时间汽轮发电机组生产电能所消耗的热量。

假设无工质损失，即 $D_0=D_{fw}$，

$$Q_0=D_0(h_0-h_{fw})+D_{rh}q_{rh}(\text{kJ/h}) \tag{2-19}$$

② 热耗率 q。汽轮发电机组生产单位电能所消耗的热量。

$$q=\frac{Q_0}{P_e}=d[(h_0-h_{fw})+\alpha_{rh}q_{rh}][\text{kJ/(kW·h)}] \tag{2-20}$$

汽轮发电机组能量平衡，则

$$Q_0\eta_i\eta_m\eta_g=W_i\eta_m\eta_g=3600P_e \tag{2-21}$$

$$q=\frac{3600}{\eta_i\eta_m\eta_g}=\frac{3600}{\eta_e}[\text{kJ/(kW·h)}] \tag{2-22}$$

式中，D_{fw} 为锅炉给水流量，kg/h；α_{rh} 为汽轮机进汽为 1kg 时再热蒸汽的份额；h_{fw} 为锅炉给水的比焓，kJ/kg；q_{rh} 为 1kg 再热蒸汽的吸热量，kJ/kg。

热耗率 q 的大小与 $\eta_i\eta_m\eta_g$ 有关，η_m 和 η_g 的值均在 0.99 左右，所以汽轮

机的内效率 η_i 起主导作用，决定汽轮机发电机组的热耗率。无再热时，令式（2-19）和式（2-20）中 $q_{rh}=0$ 即可得相应的热耗量和热耗率。

（3）发电厂全厂热经济指标

① 全厂的热耗量与热耗率。

a. 全厂的热耗量：凝汽式发电厂单位时间内生产电能所消耗的热量，即

$$Q_{cp}=BQ_{net}=\frac{Q_b}{\eta_b}=\frac{Q_0}{\eta_b\eta_p}=\frac{3600P_e}{\eta_{cp}}(\mathrm{kJ/h}) \tag{2-23}$$

式中，B 为燃料消耗量，kg；Q_{net} 为燃料的低位发热量，kJ/kg。

b. 全厂的热耗率：凝汽式发电厂生产单位电能所消耗的热量，即

$$q_{cp}=\frac{Q_{cp}}{P_e}=\frac{q}{\eta_b\eta_p}=\frac{3600}{\eta_{cp}}[\mathrm{kJ/(kW\cdot h)}] \tag{2-24}$$

② 全厂的煤耗量和煤耗率。

a. 全厂的煤耗量：单位时间内发电厂所消耗的燃料量，即

$$B_{cp}=\frac{Q_{cp}}{Q_{net}}=\frac{3600P_e}{\eta_{cp}Q_{net}}(\mathrm{kg/h}) \tag{2-25}$$

b. 全厂的煤耗率：发电厂每生产 1kW・h 电能所消耗的燃料量，即

$$b_{cp}=\frac{B_{cp}}{P_e}=\frac{q_{cp}}{Q_{net}}=\frac{3600}{\eta_{cp}Q_{net}}[\mathrm{kg/(kW\cdot h)}] \tag{2-26}$$

c. 全厂标准煤耗率：标准煤的低位发热量约为 29270kJ/kg，将全厂的煤耗率标准化，即

$$b_{cp}^{s}=\frac{3600}{\eta_{cp}Q_{net}^{s}}=\frac{3600}{29270\eta_{cp}}=\frac{0.123}{\eta_{cp}}[\mathrm{kg/(kW\cdot h)}] \tag{2-27}$$

式中，b_{cp}^{s} 为全厂标准煤耗率，kg/(kW・h)；Q_{net}^{s} 为标准煤低位发热量，取 29270kJ/kg。

d. 全厂供电标准煤耗率：发电厂向外供应单位电能所消耗的标准燃料量，即

$$b_{cp}^{n}=\frac{0.123}{\eta_{cp}^{n}}=\frac{0.123}{\eta_{cp}(1-\zeta_{ap})}[\mathrm{kg/(kW\cdot h)}] \tag{2-28}$$

式中，b_{cp}^{n} 为全厂供电标准煤耗率，kg/(kW·h)；η_{cp}^{n} 为全厂净效率；ζ_{ap} 为厂用电率。

热耗率 q 和煤耗率 b 与热效率之间是一一对应关系，它们是通用的热经济性指标。而汽耗率 d 不直接与热效率有关，主要取决于汽轮机实际比内功 W_i 的大小，因此，d 不能单独用作热经济性指标。只有当 q_0 一定时，d 才能反映发电厂的热经济性。

③全厂的用电率与净效率。

a. 全厂的用电率：在同一时间内发电厂生产过程中所有辅助设备消耗的厂用电量 P_{ap} 与发电量的比值，即

$$\zeta_{ap}=\frac{P_{ap}}{P_e}\times 100\% \tag{2-29}$$

b. 全厂的净效率：发电量扣除厂用电量所得的全厂热效率，即

$$\eta_{cp}^{n}=\frac{3600(P_e-P_{ap})}{Bq_{net}}=\frac{3600P_e(1-\zeta_{ap})}{Q_{cp}}=\eta_{cp}(1-\zeta_{ap}) \tag{2-30}$$

(4) 发电厂不同机组热经济性指标的对比

在一个发电厂范围内，标准煤耗率是表明能量转换程度最全面的指标，它既反映发电厂的管理水平和运行水平，也是厂际、班组间经济评价、考核的重要指标之一。

对于一个汽轮机，热耗率是一个最完善的指标，可以作为机组改造或热力试验考核的标准。

能耗指标与产量有关，只能表明 P_e 为一定时的热经济性；能耗率能够全面反映发电厂的热经济性。

不同机组的热耗率与热耗量比较见表 2-4、表 2-5。

表 2-4　不同机组的热耗率比较

额定功率/MW	全厂热耗率/[kJ/(kW·h)]	全厂煤耗率/[kg/(kW·h)]	汽轮机热耗率/[kJ/(kW·h)]	汽轮机汽耗率/[kg/(kW·h)]
600	8440	288	7662	3.18
1000	7986	272	7383	2.98

表 2-5　不同机组的热耗量比较

额定功率/MW	发电厂热耗量/(kJ/h)	发电厂煤耗量/(kg/h)	汽轮发电机组汽耗量/(kg/h)	汽轮发电机组热耗量/(kJ/h)
600	5476×10^{6}	1.901×10^{5}	2100×10^{3}	5477×10^{6}
1000	7985×10^{6}	2.728×10^{5}	2975×10^{3}	7751×10^{6}

2.3　发电厂的动力循环

在现代发电厂中，最常见的蒸汽循环有回热循环、再热循环和热电联产循环。循环过程的完善程度决定了能量转换过程的效果，评价循环过程的蒸汽参数包括进入汽轮机的新蒸汽压力、温度，再热后进入中压汽缸的再热蒸汽温度和进入凝汽器的排汽压力。研究和分析整理热电厂的蒸汽参数及动力循环对增强热电厂的经济性意义重大。

2.3.1　朗肯循环及其热经济性

热电厂的蒸汽动力循环是以朗肯循环为基础的。发电厂经历的四个热力过程如图 2-8 所示，包括工质在锅炉中定压加热、汽化、过热的过程（4—5—6—1），汽轮机中的蒸汽等熵膨胀做功过程（1—2），凝汽器中的排汽定压放热过程（2—3）以及水泵中的凝结水等熵压缩过程（3—4）。其中，汽轮机做功 $W_{s,1-2}$、凝汽器中的定压放热量 q_2、水泵的绝热压缩耗功 $W_{s,3-4}$ 以及锅炉中的定压吸热量 q_1 可以为

$$W_{s,1-2}=h_1-h_2 \tag{2-31}$$

$$q_2=h_2-h_3 \tag{2-32}$$

$$W_{s,3-4}=h_4-h_3 \tag{2-33}$$

$$q_1=h_1-h_4 \tag{2-34}$$

式中，h_1 为新蒸汽的焓；h_2 为乏汽的焓；h_3 和 h_4 分别是压力为 p_2 的凝结水和压力为 p_1 的过冷水的焓。

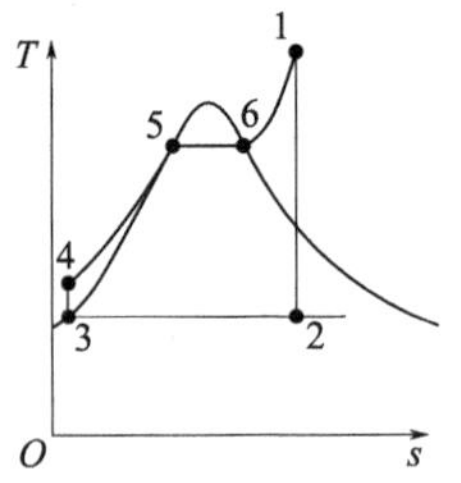

图 2-8 朗肯循环的 T-s 图

若热平均温度为 $\overline{T}_1$（K），放热过程温度为 T_c（K），1kg 蒸汽在汽轮机中产生的理想功 W_a 与循环吸热量 q_0 之比，即循环热效率为

$$\eta_t = \frac{W_a}{q_0} = \frac{(h_1 - h_2) - (h_4 - h_3)}{h_1 - h_4} \tag{2-35}$$

初压小于 10MPa 时，忽略泵功，则循环热效率的表达式为

$$\eta_t = \frac{h_1 - h_2}{h_1 - h_4} \tag{2-36}$$

以吸热过程和放热过程的平均温度表示，则

$$\eta_t = \frac{W_a}{q_0} = 1 - \frac{q_c}{q_0} = 1 - \frac{T_c \Delta s}{\overline{T}_1 \Delta s} = 1 - \frac{T_c}{\overline{T}_1} \tag{2-37}$$

需要注意的是，3—4 表示水泵中绝热压缩的过程，过程中熵不变，比容基本不变，温度稍有增加，为简化问题，之后的讨论将绝热压缩过程忽略，即 3、4 两点可认为是重合在一起的。

2.3.2 蒸汽初终参数对发电厂热经济性的影响

2.3.2.1 初温对发电厂热经济性的影响

(1) 初温对理想循环热效率 η_t 的影响

在相同的初压 p_1 和背压 p_2 下，将新蒸汽的初温由 t_1 提高至 $t_{1'}$，相当于在原有循环 1—2—3—4—5—6—1 的基础上附加循环 1—1′—2′—2—1，如图

2-9 所示。增加了循环的高温加热段使循环温差增大，平均吸热温度 $\overline{T}_1$ 明显提高，热效率 η_t 提高。

（2）初温对汽轮机的绝对内效率 η_i 的影响

对于热电厂中的汽轮机设备，蒸汽的理想比焓降不可能全部变为有用功，而有效焓降 Δh_i 小于理想焓降 Δh_t，两者之比即汽轮机的相对内效率 η_{ri}。相对内效率 η_{ri} 与循环热效率 η_t 的乘积，我们称为绝对内效率 η_i，如下所示。

$$\eta_{ri}=\frac{W_a}{W_i}=\frac{\Delta h_i}{\Delta h_t} \tag{2-38}$$

$$\eta_i=\frac{W_i}{q_0}=1-\frac{\Delta q_c}{q_0}=\eta_{ri}\eta_t \tag{2-39}$$

式中，W_a 为汽轮机的理想比内功；W_i 为汽轮机的实际比内功。

如图 2-9 所示，提高初温可以使终态 2 的干度增大，即汽轮机的排汽湿度减小，进而减少了汽轮机的湿气损失。另外，初温的升高，进一步提高了进入汽轮机内的蒸汽容积流量，在其他条件一定的情况下，汽轮机高压部分的叶片高度增大，漏汽损失减少。因此，提高初温可以使汽轮机的相对内效率 η_{ri} 提高，汽轮机的绝对内效率 η_i 也会相应提高。

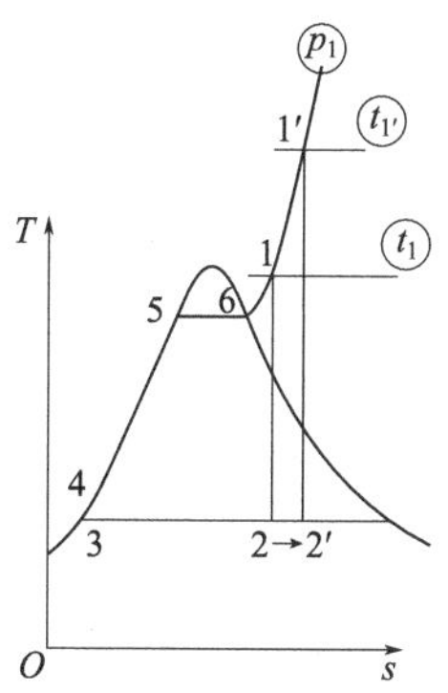

图 2-9　初温不同时的 T-s 图

2.3.2.2　初压对发电厂热经济性的影响

（1）初压对理想循环热效率 η_t 的影响

在相同的初温 t_1 和背压 p_2 下，对应不同的初温和排汽温度，随着初压的增大，会出现一个使循环热效率开始下降的压力，称为极限压力。在极限压力范围内，随着初压的升高，理想循环热效率是提高的。但提高初压 p_1 并不总能提高理想循环热效率 η_t，这是由水蒸气的性质决定的。随着初压升高，锅炉中定压加热、汽化、过热的三个过程（4—5—6—1）中，汽化热的比重相对不断地降低，把水加热到该压力下沸腾温度的吸热量比重却相对增加。过热段的平均温度恒高于汽化段，而沸腾段的平均温度是三个吸热过程中最低的，当 p_1 增大到某一值（极限压力）时，平均吸热温度 T_1 下降，此时 η_t降低，如图 2-10 和图 2-11 所示。

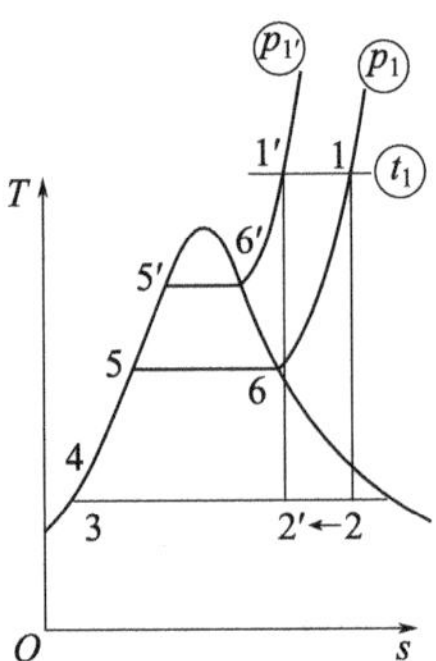

图 2-10　初压不同时的 T-s 图

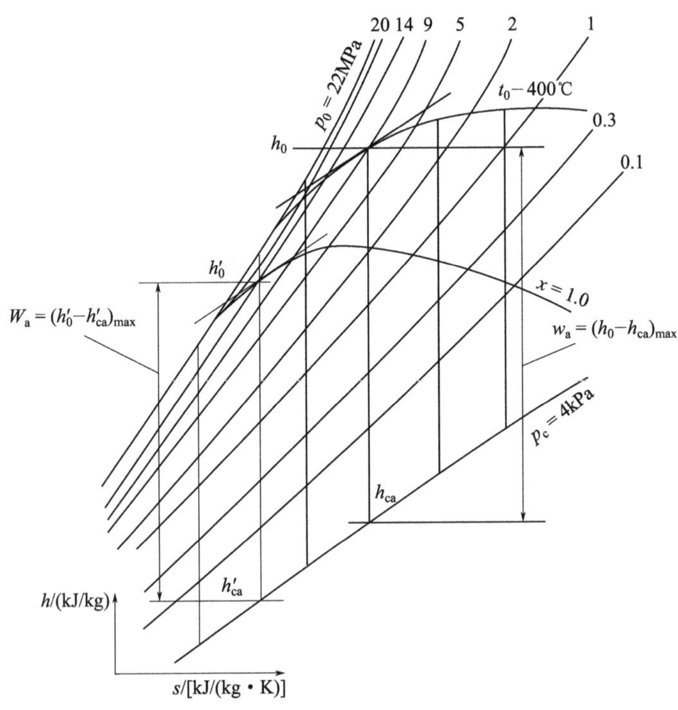

图 2-11 蒸汽初压与 η_t 关系曲线

（2）初压对汽轮机绝对内效率 η_i 的影响

当初温和背压一定时，随着初压的升高，会引起乏汽干度的迅速下降，而乏汽中水分的增加会引起汽轮机的湿气损失增大。同时，初压的升高会使进入汽轮机的蒸汽比体积和容积流量相应减小，产生与提高初温对 η_{ri} 完全相反的影响，增加高压端的漏汽损失。另外，初压的升高也有可能导致局部进汽，从而产生鼓风损失和斥汽损失，最终导致汽轮机的相对内效率 η_{ri} 下降。初压对汽轮机绝对内效率 η_i 的影响取决于 η_{ri} 和 η_t 的大小，随着初压的升高，如果理想循环热效率的增加程度大于汽轮机相对内效率的降低程度，那么汽轮机的绝对内效率是增加的。

2.3.2.3　背压对发电厂热经济性的影响

（1）降低背压对发电厂热经济性的影响

在相同的初压 p_1 和初温 t_1 条件下，降低排汽压力也能使热效率提高，这是循环放热过程的平均温度降低的缘故。从图 2-12 中可以看出，背压较低的循环净功 1—2′—3′—5—6—1 比背压较高的循环净功 1—2—3—5—6—1 大出相当于面积 2—2′—3′—3—2 的数值。可见降低排汽压力，能使汽轮机的比内功增加，理想循环热效率 η_t 升高。

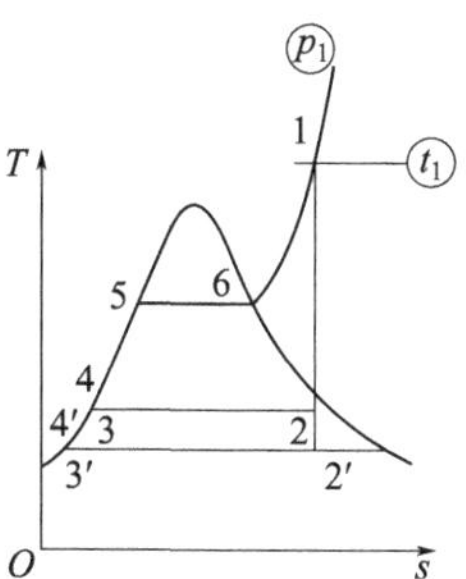

图 2-12　初压不同时的 T-s

汽轮机的排汽压力降低会导致汽轮机低压部分的蒸汽湿度增大，而湿蒸汽中高速流动的水滴会撞击叶片表面造成叶片水蚀，甚至断裂，引发事故。另外，蒸汽湿度过大会导致低压级湿气损失增大，并且蒸汽湿度越大，其损失越大。同时，随着排汽压力的降低，排汽的比体积增大，若余速损失一定，就必须采用更长的叶片和多个排汽口，这样叶高损失和成本投入都会增加。所以，排汽压力的降低对汽轮机的相对内效率是不利的。

当排汽压力降至极限背压时，排汽压力降低带来的比内功增加与余速损失增加相等，如果再降低排汽压力，就会使机组的热经济性降低。因此，在极限背压以上，降低排汽压力是有利于机组热经济性的。

（2）凝汽器的最佳真空

凝汽器的最佳真空是以“发电厂净燃料消耗最小原则”为判断基准的。如图 2-13 所示，当凝汽器的冷却水进口温度 t_{c1} 和凝汽器热负荷 D_c 一定时，随着冷却水量的增加，凝汽器真空提高，机组出力 ΔP_e 增大，但同时输送冷却水的循环水泵的功率 ΔP_{pu} 也随之增大。我们将 $\Delta P_e - \Delta P_{pu}$ 最大时的冷却水量所对应的真空称为最佳真空 p_c^{op}。图中 G^{op} 为最佳真空对应的冷却水流量。

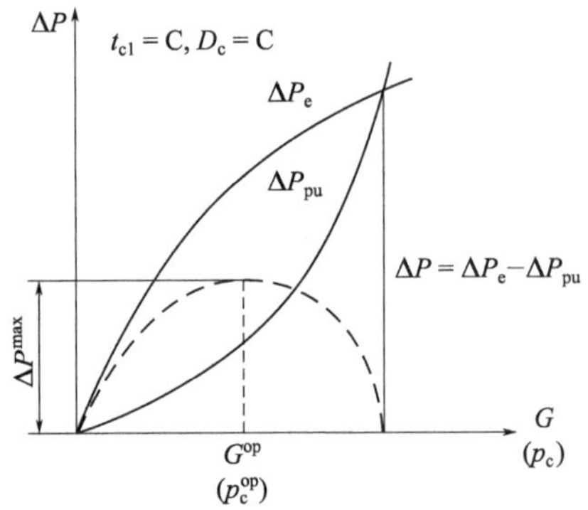

图 2-13 凝汽器的最佳真空

在热电厂中，运行中的凝汽器的真空并不是越高越好。若真空进一步增高，末级叶片的斜切部分将达到膨胀极限时的真空（极限真空），这时候余速损失增加，对机组的经济性是无益的。为此，需根据负荷和季节的变化，及时调整循环水量，保证机组在最有利的真空下获得最佳经济效益。这也是最佳真空的意义。

2.3.3 中间再热对发电厂热经济性的影响

2.3.3.1 中间再热的目的

提高蒸汽初压可以提高循环热效率，但如果没有相应提高初温将会引起汽轮机出口排汽干度的减小，产生不利的后果。因此可以对朗肯循环做适当的调整改进，将新蒸汽膨胀到某一中间压力后撤出汽轮机，将其导入锅炉设备中特制的再热器 R，使之再热，然后再导入到汽轮机的中低压汽缸，继续膨胀到背压 p_2。这样的循环我们称为中间再热循环。其设备如图 2-14 所示，T-s 图如图 2-15 所示。采用中间再热循环可以降低汽轮机的排汽湿度，改善汽轮机末级叶片的工作条件，提高汽轮机的相对内效率。同时，由于蒸汽进行了再热处理，工质的比焓降相应增大，如果汽轮机组的输出发电功率不变，汽轮机的总汽耗量减少。另外，中间再热应用后，机组可采用更高的蒸汽初压，增大了单机容量。

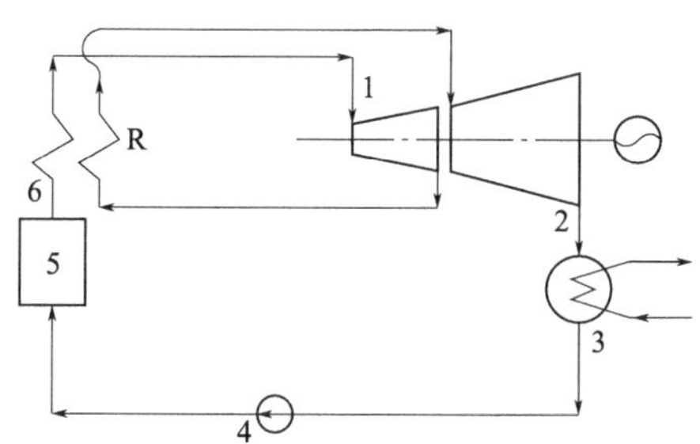

图 2-14　再热循环设备简图

1—汽轮机高压缸；2—汽轮机中低压缸；3—凝汽器；4—水泵；5—锅炉；6—过热器

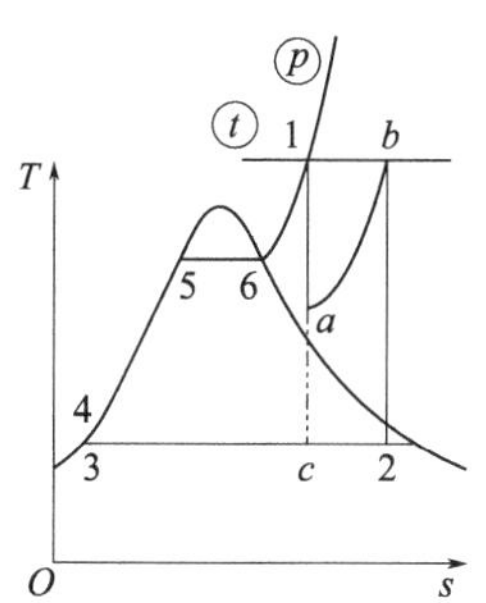

图 2-15　再热循环 T-s 图

2.3.3.2　中间再热的经济性

中间再热后，汽轮机的排汽湿度减小，使湿气损失降低，汽轮机的相对内效率提高。

下面对再热循环对理想循环热效率的影响做讨论。

忽略水泵的功耗时，再热循环输出的功为一次汽和二次汽在汽轮机中所做的技术功之和：

$$W_i=(h_1-h_a)+(h_b-h_2) \tag{2-40}$$

循环吸热量为蒸汽分别在锅炉的过热器和再热器中吸收的热量之和：

$$q_1=(h_1-h_2)+(h_b-h_a) \tag{2-41}$$

再热循环的热效率为

$$\eta_t=\frac{(h_1-h_a)+(h_b-h_2)}{(h_1-h_2)+(h_b-h_a)} \tag{2-42}$$

由式（2-42）无法看出再热循环后，循环热效率与基本循环热效率相比是提高了还是降低了。但从图 2-15 中可以看出，基本循环为 $1-c-4-5-6-1$，因再热而附加的部分为 $a-b-2-c-a$，如果附加部分的热效率比基本循环热效率高，则能够使整个再热循环的总热效率提高，反之则降低。

2.3.3.3 蒸汽中间再热参数的选择

（1）再热蒸汽温度对再热循环热效率的影响

在其他参数不变的情况下，提高再热后的蒸汽温度，循环吸热平均温度提高，再热循环的热效率必然提高。同时，对汽轮机的相对内效率也有良好的影响。所以再热温度的提高对整个循环的经济性总是有利的。再热温度每提高 10℃，再热循环的效率会提高 0.2%～0.3%，但考虑到高温金属材料的许用温度限制，一般再热蒸汽的温度接近于新蒸汽的温度。

（2）中间压力对再热循环热效率的影响

如果取较高的中间压力，就可以使整个循环的热效率 η_t 提高；相反，如果中间压力过低，会使 η_t 降低。但是如果中间压力取得过高，会导致排汽干度改善效果减弱。并且中间压力过高虽然附加部分本身的效率有所提高，但与基本循环相比，占比甚小，对整个循环热效率的提高作用不大。因此，选取中间压力时必须考虑排汽干度的允许范围，满足中间再热的根本目的，不能只考虑 η_t 的提高。一般中间压力在 p_1 的 20%～30%时，对 η_t 的提高作用最大。

2.3.3.4 蒸汽中间再热的方法

再热的方法取决于再热的目的，它与再热温度、再热器管道压力等再热参数有密切的关系，直接影响整个机组的经济性和安全性。根据再热介质的不同，我们可以将再热方法分为烟气中间再热、新蒸汽中间再热和中间载热质中间再热等几种。其优缺点如表 2-6 所示。

表 2-6　几种蒸汽中间再热方法的比较

再热方法	优点	缺点
烟气中间再热	可使蒸汽温度加热到 500～600℃；热经济性提高 6%～8%	流动压损较大；管道中蒸汽影响机组安全；需要设置调节系统和旁路系统
新蒸汽中间再热	再热器简单、便宜；再热管道短，管道压损降低；热经济性提高 3%～4%	再热后汽温较低，压力低
中间载热质中间再热	综合了烟气中间再热（热经济性高）和新蒸汽中间再热（构造简单）的优点	中间载热质必须保证其具有许多必要的特征

2.3.4　回热对发电厂热经济性的影响

2.3.4.1　抽汽回热蒸汽动力装置

从汽轮机的适当部位抽出少量尚未膨胀的且压力、温度相对较高的少量蒸汽，用来加热低温凝结水，这部分抽汽并未经过冷凝器，因而没有向冷源放热，但是加热了凝结水，达到了回热的目的，我们将这种循环称为抽汽回热循环。回热循环利用蒸汽回热对锅炉给水进行加热，消除了朗肯循环中水在低温下的吸热不利影响，可提高整个循环的热效率。现代大中型蒸汽动力装置均采用了回热循环，抽汽的级数随着机组参数和容量的升高而增大，最多可达 7～9 级。

抽汽回热的蒸汽动力装置如图 2-16 所示，相应的 T-s 图如图 2-17 所示。对于只考虑 1 级抽汽回热的装置（按照耗汽 1kg 考虑），1kg 状态为 1 的新蒸汽进入汽轮机，绝热膨胀到状态 0_1 后，从汽轮机中抽出 α_1 kg 蒸汽，将之引入回热器 R 中。剩余的（$1-\alpha_1$）kg 蒸汽在汽轮机中继续膨胀到状态 2 后，进入冷凝器进行冷凝处理，被冷却凝结成冷凝水（状态 3）；然后经过给水泵加压进入回热器 R，在回热器 R 中被抽走的 α_1 kg 蒸汽加热到饱和状态，并与 α_1 kg 的蒸汽凝结的水汇集成 1kg 状态为 $0_1'$ 的饱和水；最后被水泵加压泵入锅炉，经过加热、蒸发、过热后形成新蒸汽，完成整个循环。

2.3.4.2　回热加热的热经济性

给水回热的热经济性主要用回热循环汽轮机的绝对内效率来衡量。现在以

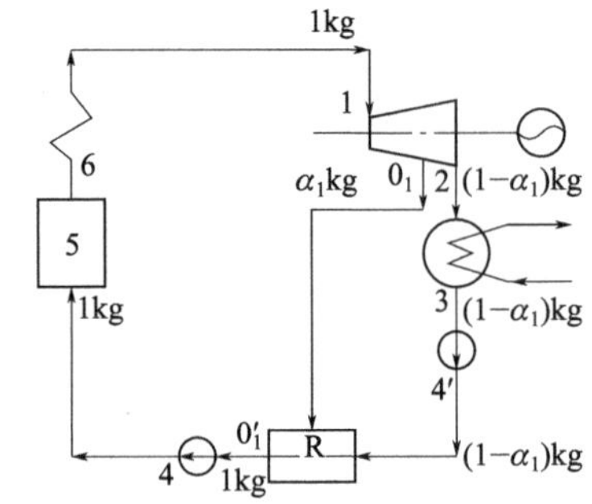

图 2-16 回热循环设备简图

1—汽轮机；2—汽轮机排气口；3—凝汽器；
4′—凝结水泵；4—给水泵；5—锅炉；6—过热器

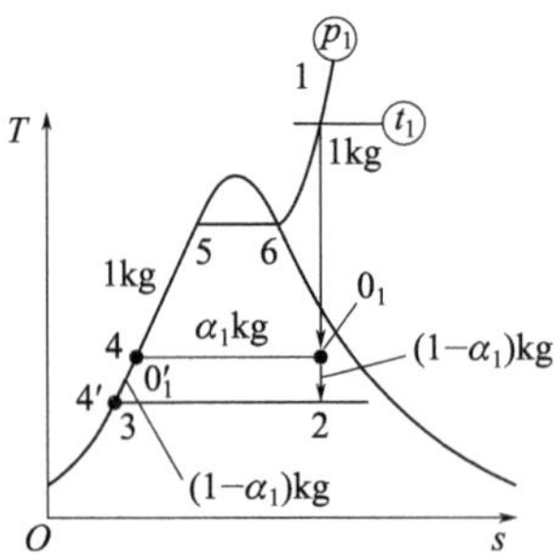

图 2-17 回热循环 T-s 图

一级回热为例，说明回热循环的热经济性。假定进入汽轮机的蒸汽量为 1kg，抽出的回热抽汽为 α_j kg，通向凝汽器的凝汽量为 α_c kg，则 $\alpha_j+\alpha_c=1$，见图 2-18。图中下标 j 表示抽汽参数，下标 c 表示凝汽参数。

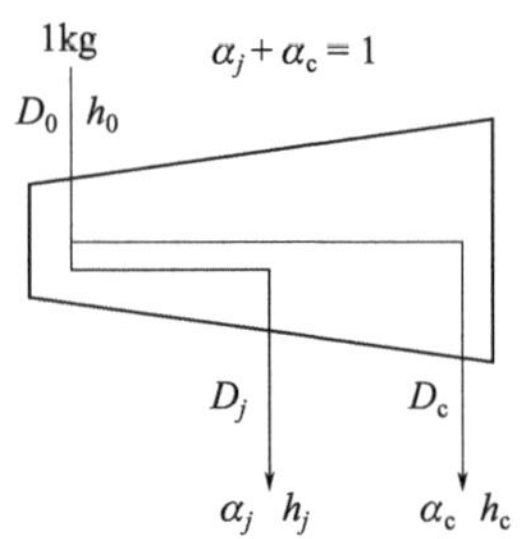

图 2-18 单级回热循环的气流图

如图 2-18 所示，有下列关系：

$$\alpha_j+\alpha_c=1$$

$$D_j+D_c=D_0$$

单级回热汽轮机的绝对内效率为

$$\eta_i=\frac{\alpha_j(h_0-h_j)+\alpha_c(h_0-h_c)}{\alpha_j(h_0-h_j)+\alpha_c(h_0-h'_c)}=\eta_i^R\frac{1+A_r}{1+A_r\eta_i^R} \tag{2-43}$$

$$\eta_i^R=\frac{\alpha_c(h_0-h_c)}{\alpha_c(h_0-h'_c)} \tag{2-44}$$

$$A_r=\frac{\alpha_j(h_0-h_j)}{\alpha_c(h_0-h_c)} \tag{2-45}$$

式中，η_i^R 为与回热式汽轮机的参数、容量相同的朗肯循环的汽轮机的绝对内效率；A_r 为回热式汽轮机的动力系数，它表明抽汽流所做内功占凝汽流所做内功的份额。汽轮机有回热抽汽时，$A_r>0$，由上式可得 $\eta_i>\eta_i^R$。

由此可知，采用给水回热加热，可使汽轮机组的绝对内效率提高，且回热抽汽动力系数越大，绝对内效率越高。

对于多级无再热的回热循环，若忽略水泵耗功，汽轮机的绝对内效率为

$$\eta_i=\frac{\sum_1^Z\alpha_j(h_0-h_j)+\alpha_c(h_0-h_c)}{\sum_1^Z\alpha_j(h_0-h_j)+\alpha_c(h_0-h'_c)} \tag{2-46}$$

$$\eta_i=\frac{1+A_r}{1+A_r\eta_i^R}\eta_i^k \tag{2-47}$$

$$A_r=\frac{\sum_1^Z\alpha_j(h_0-h_j)}{\alpha_c(h_0-h_c)} \tag{2-48}$$

$$\eta_i^R=\frac{\alpha_c(h_0-h_c)}{\alpha_c(h_0-h'_c)} \tag{2-49}$$

具有回热抽汽的汽轮机，1kg 新蒸汽所做的总内功 W_i 由 Z 级回热抽汽所做的内功之和 $W_i^r=\sum_1^Z \alpha_j(h_0-h_j)$ 与凝汽流所做的内功 $W_i^c=\alpha_c(h_0-h_c)$ 组成（对无再热的机组），即 $W_i=W_i^r+W_i^c$ 。由于回热抽汽做功后没有冷源热损失，在 W_i 恒定的可比条件下，W_i^r 越大，W_i^c 越小，冷源损失越小，η_i 增加得越多。我们常用回热抽汽所做的内功在总内功中的比例 $X_r=\dfrac{W_i^r}{W_i}$ 来表示回热循环对热经济性的影响程度，X_r 称为“回热抽汽做功比”。显然 X_r 越大，η_i 也越大。对于多级回热循环，压力较低的回热抽汽做功大于压力较高的回热抽汽做功。因此，尽可能利用低压回热抽汽会获得更好的效益。

2.3.4.3 影响回热过程热经济性的因素

（1）多级回热给水总焓值（温升）在各加热器间的分配

多级回热给水总焓值（温升）在各加热器间的分配方法有焓降分配法（雷日金法）、平均分配法、等焓降分配法以及几何级分配回热法。

“焓降分配法”，又称为雷日金法，是将每一级加热器的焓升取作等于前一级至本级的蒸汽在汽轮机中的焓降。符合“每一级加热器内水的焓升相等”原则的方法，称为“平均分配法”，这种方法简单易行，在汽轮机的设计中使用最多。另外，“等焓降分配法”是将每一级加热器内水的焓升取作与汽轮机各组的焓降相等，“几何级数分配法”是将各加热器的绝对温度按集合级数进行分配。

不同回热分配的热经济结果略有差异，当蒸汽参数不高时，数值上差别不大。

（2）最佳给水温度 t_{fw}^{op}

随着回热级数 Z 增加，η_i 不断提高；而给水温度的提高，对 η_i 的影响是双重的，即有利和不利影响同时存在，因而存在最佳给水温度。与最佳给水温度对应的实际循环效率最大，即 η_i^{max}。

做功能力法认为，随着给水温度的提高，一方面，工质在锅炉中的平均吸热温度 $\overline{T}_1$ 上升了，使传热温差 $\Delta\overline{T}_b$ 下降，$I_b^{Ⅲ}$（工质温差引起的熵产）减小；另一方面，回热加热器内换热温差 $\Delta\overline{T}_r$ 及对应的不可逆损失 I_r 增加了。因而同样存在最佳给水温度。

单级回热时的热耗量 q 、汽耗量 d 与给水温度 t_{fw}^{op} 的关系如图 2-19 所示，横坐标从凝汽器压力下的饱和水温度 t_c 变化到新蒸汽压力下的饱和水温度

t_{s0}。单级回热汽轮机的绝对内效率达到最大值时回热的给水温度为 $t_{fw}^{op}=\dfrac{t_{s0}-t_c}{2}$，此温度为回热的最佳给水温度。

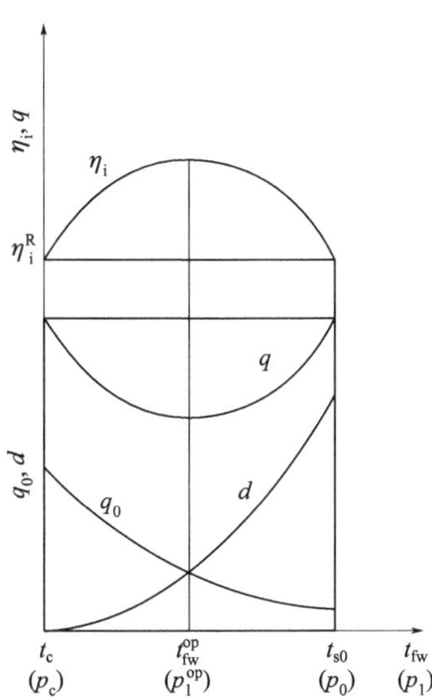

图 2-19　回热级数、给水温度（或最高抽汽压力）与回热经济性

（3）给水回热加热级数

当给水温度一定时，随着回热级数 Z 的增加，附加冷源热损失减小，汽轮机的绝对内效率增大。

由热量法可知，随着回热级数的增加，能更充分地利用较低压抽汽，从而使回热抽汽做功增大，动力系数增大。因此，回热循环的效率也提高了。

根据平均分配法的简化条件，q 、Δh_w 均为定值，有

$$\eta_i=1-\left(\frac{q}{q+\Delta h_w}\right)^{Z+1}=1-\frac{1}{\left(1+\dfrac{\Delta h_w}{q}\right)^{Z+1}}=1-\frac{1}{\left[1+\dfrac{h_b'-h_c'}{(Z+1)q}\right]^{Z+1}} \tag{2-50}$$

若 $\dfrac{h_b'-h_c'}{q}=M$，则 $\eta_i=1-\dfrac{1}{e^M}$

式中，h_b'为省煤器出口给水焓值；h_c'为凝汽器出口凝结水焓值。

由此式可知，η_i 是 Z 的递增函数，如图 2-20 所示。

图 2-21 为多级回热级数 Z 与给水温度 t_{fw} 的关系。图中纵坐标为 η_i 的相对变化量，用符号 ϕ 表示，横坐标 μ 是 t_{fw} 的相对变化量。多级抽汽回热循环的最佳给水温度与回热级数、回热加热在各级之间的分配有关。

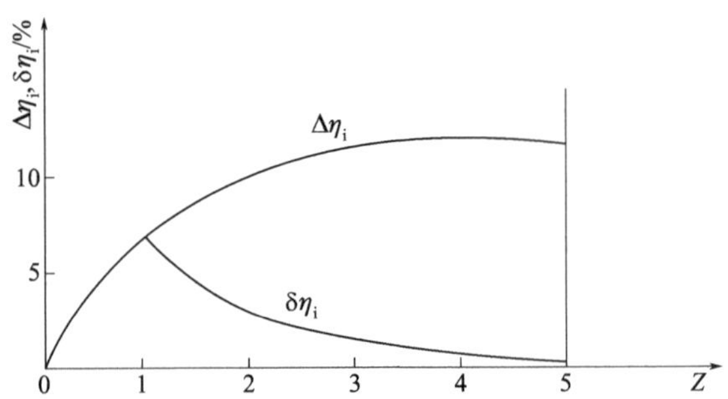

图 2-20　汽轮机的绝对内效率 η_i 与回热级数 Z 的关系

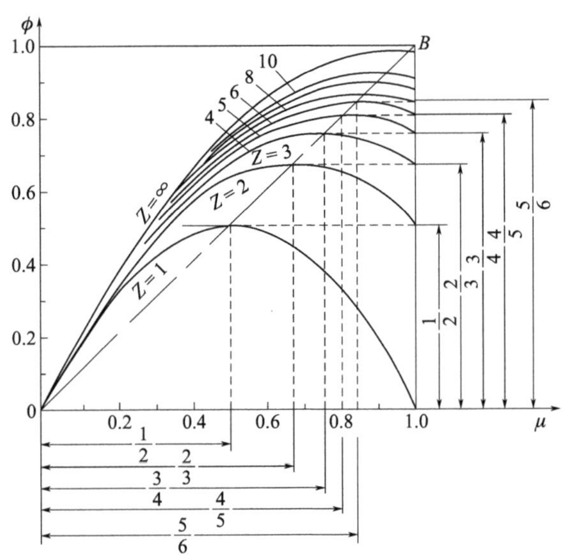

图 2-21　多级回热级数、给水温度（或最高抽汽压力）与回热经济性

由图 2-20 和图 2-21 可知，回热加热的级数越多，最佳给水温度越高。当给水温度一定时，回热加热的级数 Z 越多，循环热效率越高。回热循环热效率的增加值随着加热级数的增多逐渐减小。在各曲线的最高点附近都有比较平坦的一段，它表明实际给水加热温度少许偏离最佳给水温度时，对系统经济性

的影响并不大。所以在确定回热加热级数时，应该考虑到每增加一级加热器就要增加设备投资费用，所增加的费用应当能从节约燃料的收益中得到补偿。同时还要尽量避免热电厂的热力系统过于复杂，以保证运行的可靠性。

第3章 热电联产及其供热系统

热电联产集中供热项目具有节约能源、改善环境、提高供热质量、增加电力供应等综合效益，是城市治理大气污染和提高能源综合利用的重要手段之一。

本章针对用户日益增长的热负荷需求，研究热电厂运行过程的热经济性，分析不供热机组联合运行热负荷的分配方法，在此基础上进行热力计算及经济指标的计算，根据计算结果比较热量法与㶲方法在热力系统分析计算上的差别，对热电厂生产运行的实际问题进行具体分析计算，获得分析经济指标理论依据。

本章主要讨论热负荷的特性、热电厂的热经济性、对外供热系统及设备等相关内容。

3.1 热负荷及其载热质

3.1.1 热负荷的分类和计算

不同的建筑物（例如住宅、商场、工业建筑物）为了达到不同的热消耗目的，对热负荷特性、载热质的种类以及压力、温度等有不同的要求，这就需要对不同种类的热负荷分别进行研究。热负荷也是热电联产工艺设计、运行、维护、热经济性分析的重要依据。

热负荷按用途可划分为采暖、通风、空调、生活热水和生产工艺等类型。

热负荷按季节变化可分为季节性热负荷和全年性（非季节性）热负荷两大类。采暖、通风、空调属于季节性热负荷，与大气温度、湿度、风速、太阳辐射等大气气候有关。生活中的热水属于全年性热负荷。

采暖、通风、空调和生活热水热负荷采用经核实的建筑物设计热负荷。当没有建筑物设计热负荷资料时，可参考下文给出的相关公式进行计算。

3.1.1.1　季节性热负荷

（1）供暖设计热负荷

供暖热负荷是指在某一室外温度下，为了达到要求的室温，供暖系统在单位时间内向建筑物供给的热量。它随着建筑物得失热量的变化而变化。热负荷是设计供暖系统最基本的数据。根据传热基本理论，要维持室内一定的温度，就必须使房间的得热量与失热量达到平衡。供暖系统设计热负荷的计算方法就是根据热平衡原理确定的。

采暖设计热负荷 Q_h 指的是当气温降低到采暖室外计算温度及以下时供给采暖建筑物的热量。采暖室外计算温度的定义为“当地历年平均每年不保证5天的日平均气温”。在20年的统计期间，总共有100天的实际日平均气温低于采暖室外设计温度。表3-1为适合华北、东北和西北地区的采暖指标，已包含5%热网损失。

$$Q_h = 10^{-6} q_h A \tag{3-1}$$

式中　q_h——采暖热指标，W/m^2；

A——采暖建筑物的建筑面积，m^2。

表3-1　采暖热指标　　单位：W/m^2

建筑物类型	未采取节能措施	采取节能措施	建筑物类型	未采取节能措施	采取节能措施
住宅	8～64	0～45	商店	5～80	5～70
综合楼	0～67	5～55	餐厅	15～140	0～130
校办公室	0～80	0～70	剧院、展览馆	5～115	0～105
幼儿园	5～80	5～70	礼堂、体育馆	15～165	0～150
图书馆	0～70	0～60			

（2）通风设计热负荷

加热送进室内的新鲜空气而消耗的热量称为通风热负荷。只有装有强迫送风的通风系统的房屋内且系统投入运行时才会有通风。其设计热负荷 Q_V（MW）为

$$Q_V = K_V Q_h \tag{3-2}$$

式中 K_V——建筑物通风热负荷系数，可取0.3～0.5。

(3) 空调设计热负荷

空调冬季热负荷主要包括建筑维护结构散热的热量和加热新风的耗热量。其设计热负荷 Q_a(MV) 为

$$Q_a = 10^{-6} q_a A \tag{3-3}$$

式中 q_a——空调热指标，W/m^2；

A——空调建筑物的建筑面积，m^2。

空调夏季制冷热负荷主要包括建筑围护结构传热、太阳辐射、人体散热、照明散热、电器散热等形成的制冷热负荷以及新风制冷热负荷。其设计热负荷 Q_c(MV) 为

$$Q_c = \frac{10^{-6} q_c A}{\mathrm{COP}} \tag{3-4}$$

式中 q_c——空调冷指标，W/m^2；

A——空调建筑物的建筑面积，m^2；

COP——吸收式制冷机的制冷系数，应取用吸收式制冷机制造厂提供的数据，或者在0.7～1.2范围内取用。

空调热指标、冷指标见表3-2。

表 3-2 空调热指标、冷指标（适合于华北、东北和西北地区）

单位：W/m^2

建筑物类型	热指标	冷指标	建筑物类型	热指标	冷指标
办公室	80～100	80～110	商店、展览馆	100～120	125～180
医院	90～120	70～100	影剧院	115～140	150～200
旅馆	90～120	80～110	体育馆	130～190	140～200

3.1.1.2 全年性热负荷

(1) 生活热水设计热负荷

生活热水热负荷是指日常生活中使用热水的用热，例如洗澡、洗脸、刷

牙、洗衣服、洗碗等需要消耗的热量。生活热水负荷全年都存在，在一年的各季节内变化不大，但是不同热用量会导致热负荷的大小不同，所以每小时用水量的热负荷变化量较大。平均热负荷 Q_{wa} 和生活热水最大热负荷 Q_{wma} 的计算公式见式（3-5）和式（3-6），生活热水日平均热指标如表 3-3 所示。

$$Q_{wa}=10^{-6}q_{w}A \tag{3-5}$$

式中 q_{w}——生活热水指标，W/m^2；

A——居住区的建筑面积，m^2。

$$Q_{wma}=K_{h}Q_{wa} \tag{3-6}$$

式中 K_{h}——小时变化系数，可取 2.5～3.5。

表 3-3 生活热水日平均热指标（包括 10%管网热损失）

用水设备情况	热指标/(W/m^2)
住宅没有生活热水设备,只对公共建筑供热水	2～3
全部住宅有淋浴设备,并供给生活热水	5～15

（2）生产工艺设计热负荷

生产工艺热负荷是指生产工艺过程中用热设备（压汽机、工业汽轮、汽锤等）的热负荷，一般为常年需要的热负荷。由于各种设备实际工作状态不同，实际热方程式各有差异。又因不同的工艺和不同的企业之间的管理制度不同，因而不存在固定统一的热力学计算公式供选择。

在实际运行过程中，各个车间工厂的最大工艺热负荷不可能同时出现，为了使供热系统的设计和运行满足工厂安全运行需要，集中供热系统的生产工艺热负荷 $Q_{w,max}$（MW）取为

$$Q_{w,max}=K_{sh}\sum Q_{sh,max} \tag{3-7}$$

式中 K_{sh}——同时使用系数，可取 0.6～0.9，当各热用户生产性质相同、生产负荷平稳且连续生产时间较长时，同时使用系数取较高值，反之取较低值；

$\sum Q_{sh,max}$——经核实的各工厂或车间的最大生产工艺热负荷之和，MW。

3.1.2 供热载热质及其选择

在热电厂供热系统中，能用来传递热能的媒介称为供热载热质。不同供热系统的实际需求不同，需要根据实际情况选择不同的载热质，选择了合适的载热质可提高热传导效率。

由热源向热用户输送和分配传递热量的管道及其热力设备系统称为热网。热电厂的供热载热质分为蒸汽和热水两种，相应的热网系统称为汽网和水网，两者的比较如表 3-4 所示。

表 3-4 热网系统特点对比

项目	载热质	
	蒸汽	热水
供热适应性	强，适用于各种热负荷	一般
供热距离	近，一般 3～5km，最远可达 10km，每千米压降 0.10～0.12MPa	远，10～30km，温度损失小
热化发电量	小，因为远距离压降需要汽轮机抽汽压力，故热经济性降低	大，可利用汽轮机的低压抽汽，可实现多级加热，提高热经济性
供热蒸汽的凝结水回收率	很低，几乎为零。加热中蒸汽受到污染，需增大化学水处理，增加运行成本	可达 100%，因为水网是在热电厂内利用汽轮机的抽汽通过表面换热器加热，故凝结水可全部回收
供热质量	供热速度快，可能会出现局部过热，适用于高层建筑	供热速度慢，水温变化慢，不会出现局部过热
热网系统设计	蒸汽密度小，静压差小	水密度大，静压差大
输送载热质的电能消耗	小	大，需要循环泵
事故时载热质的泄漏量	小	大
热用户用热设备投资	小，蒸汽的温度和传热系数比水高	大
供热效率	60%，管道损失 5%～8%，蒸汽渗漏 3%，被污染无法回收 10%	90%，热水渗漏 2%～3%
供热管网使用寿命	短，5 年	长，理论可达 20 年

续表

项目	载热质	
	蒸汽	热水
管网维修管理工作量	大	小

3.2 热电联产及热电厂总热耗量的分配

蒸汽动力循环装置即使采用了高参数蒸汽、回热和再热等措施，热效率仍很少超过 45%，也就是说燃料燃烧释放出的热能中有大部分能量没有得到充分利用，约 60%散发到了环境中。其中由凝汽器冷却水带走而排放到大气中的能量约占总能量的 50%。

同一股蒸汽汽流（简称为热电联产汽流）先发电后供热的能量生产方式称为热电联产，这种既发电又供热的发电厂称为热电厂，其热力循环称为供热循环，以热电联产方式集中供热称为热化。从工程热力学基本原理来讲，热电联产的一个基本特征是，热用户为热功转换的冷源。

3.2.1 热电分产与热电联产的特点

热能和电能的生产分单一能量生产和联合能量生产两种形式，即热电分产和热电联产。

热力设备只用来供应单一能量（热能或电能）的方式称为热电分产。如供热锅炉房只供应热能（蒸汽和热水），凝汽式发电厂只供应电能，见图 3-1（a）；凝汽式发电厂锅炉产生的蒸汽，一部分流经汽轮机发电机进行能量转换后为用户供应电能，另一部分蒸汽经减温减压后直接向热用户供应蒸汽，虽然也同时供应两种能量，但仍属热电分产，如图 3-1（b）所示。

热电厂的常见生产方式有背压式汽轮机、调节抽汽式汽轮机两种，其原则性热力系统图分别为图 3-2（a）和（b）。其共同点是，在尖峰热负荷期要采用减温减压装置，且汽轮机出口要连接供热装置备用。可见，在热电厂里，既有热电联产生产方式，又有热电分产生产方式。

排汽压力高于大气压的汽轮机称为背压式汽轮机。这种系统没有凝汽器，

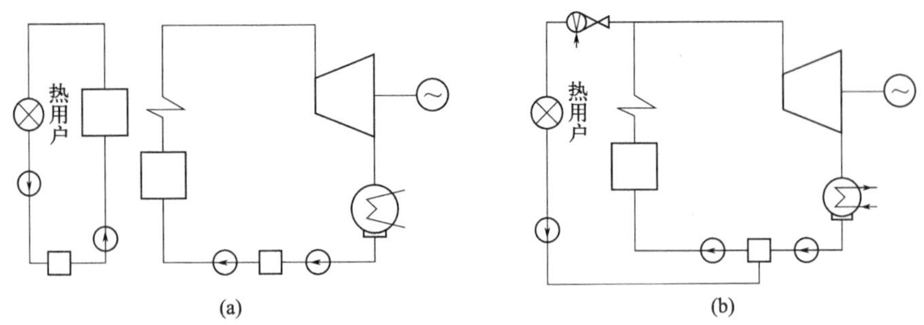

图 3-1　热电分产性热力系统

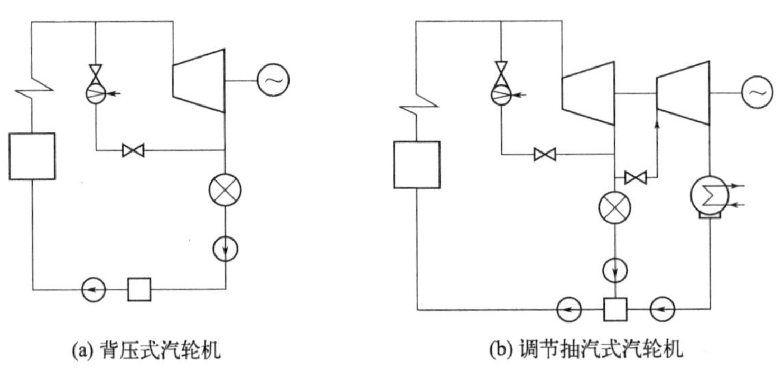

图 3-2　热电厂原则性热力系统

蒸汽在汽轮机内做功后具有一定压力，通过管路送给热用户使用，无冷源热损失（实质上，热用户就是热功转换的冷源），热经济性最高，而且结构简单，投资少。其缺点是：发电和供热相互制约，难以同时满足用户对电、热负荷两种能量的需要；机组适应性差，在热负荷变化时，机组的电功率变化剧烈，相对内效率也会显著降低。

蒸汽在调节抽汽式汽轮机中膨胀至一定压力时，被抽出部分送给热用户，其余蒸汽则经过调节装置继续在汽轮机内做功，乏汽送往凝汽器。这种循环能自动调节热、电出力，保证供汽量和供汽参数，从而可以在满足热用户要求的同时参加电负荷调峰。

3.2.2　热电厂总热耗量的分配

目前国内外对热电联产总热耗量的分配方法有热量法、实际焓降法、做功能力法及热经济学法等多种。本书介绍前三种计算方法。

3.2.2.1　热量法

热量法是对热量进行研究而不考虑质量之间区别的方法。热电厂总热耗量 Q_{tp}（kJ/h）为

$$Q_{tp}=B_{tp}Q_{net}=\frac{Q_b}{\eta_b}=\frac{Q_0}{\eta_b\eta_p\eta_{hs}} \tag{3-8}$$

式中　Q_b——热电厂对外供出的热量；

Q_0——热用户需要的热量；

η_{hs}——热网效率。

则分配给各发电方面的热耗量为

$$Q_{tp,e}=Q_{tp}-Q_{tp,h} \tag{3-9}$$

式中　$Q_{tp,e}$——分配给供电方面的热耗量；

$Q_{tp,h}$——分配给供热方面的热耗量。

可见，热量法未考虑实际联产供热汽流在汽轮机中已做功、能级降低的情况。热量法也被称为效益归电法和好处归电法。

3.2.2.2　实际焓降法

实际焓降法是按照联产供热抽汽汽流在汽轮机少做功占新蒸汽实际做功的比例来分配供热的总耗热量。分配给联产供热的总耗热量 $Q_{tp,t}$（kJ/h）为

$$Q_{tp,t}=Q_{tp}\frac{D_{h,t}(h_h-h_c)}{D_0(h_0-h_c)} \tag{3-10}$$

式中　$D_{h,t}$——热电厂联产供热蒸汽量，kg/h；

h_h——供热蒸汽比焓，kJ/kg；

h_0，h_c——汽轮机进汽、排汽的比焓，kJ/kg。

实际焓降法又称好处归热法，考虑了供热品质的差异。对发电方面而言，联产汽流因供热引起实际焓降不足而少发电，从而使凝汽发电部分的内效率降低，热耗增大。

3.2.2.3 做功能力法

做功能力法就是按照蒸汽最大做功把联产汽流的热消耗在电、热两种产品之间分配。分配给联产汽流供热的热耗量按照联产汽流的最大做功能力占新蒸汽最大做功能力的比值来分摊，即分配给供热方面的热耗量 $Q_{tp,h}$ 为

$$Q_{tp,h}=Q_{tp}\frac{D_{h,t}e_h}{D_0e_0}=Q_{tp}\frac{D_{h,t}(h_h-T_{en}s_h)}{D_0(h_0-T_{en}s_0)} \tag{3-11}$$

式中 e_0，e_h——新蒸汽和供热抽汽的比㶲，kJ/h；

s_0，s_h——新蒸汽和供热抽汽的比熵，kJ/(kg·K)；

T_{en}——环境温度，K。

做功能力法是以热力学第一定律和第二定律为依据，同时考虑了热能的数量和质量差别。

综上所述，三种方法都有各自的局限性。热量法没有反映质量之间的差异，但是使用方便，得到了广泛使用。实际焓降法和做功能力法从不同程度考虑了质量上的区别，但是实际焓降法得到的热效应全都用于供热，挫伤了热电厂的积极性，而做功能力法虽具有较为完善的热力学理论基础，但使用极为不方便，故这两种方法未得到广泛应用。从理论上探讨热量合理分配仍然是热电厂需继续解决的问题。

3.3 热电联产的评价指标及其综合效益

本节介绍了各国常用的热电联产系统性能评价指标。我国采用了系统综合效率作为评价指标，但综合效率以热力学第一定律为基础，不能完全反映热电联产系统的实际性能水平，也没有反映出与热电分产系统的差别。应借鉴国外经验，引入相对一次能耗节约率、相对 CO_2 排放减少率等节能减排指标，修改补充我国热电联产系统性能评价指标体系。

为了评价热电联产系统的整体性能，鼓励和引导热电联产事业的发展，各国政府根据自身情况颁布了一系列法律法规，分别给出了不同的评价指标，建立起各自的热电联产系统性能评价指标体系。这些评价指标主要是从能量利用和环境影响的角度出发，有的是根据热力学第一定律进行定义的。但热电联产

技术其实是热力学第二定律的具体体现，高品位能量首先用于发电，剩余的低温热能再用于供热，实现了能量的梯级利用，这说明能量除了数量上的差异，还具有质量上的差别。因此，有些国家也依据热力学第二定律提出了相应的评价指标。本书对国内外热电联产性能评价指标进行了介绍与分析。

3.3.1　热电联产系统

3.3.1.1　基于热力学第一定律

体现热电联产系统能量利用效率的评价指标通常包括热电联产系统综合效率 η_{tot}、发电效率 η_{el}、供热效率 η_h 等。国内外对 η_{tot} 的定义是相同的，即用户可利用能量之和与热电联产系统总能耗的比。η_{tot} 的计算式为

$$\eta_{tot} = \frac{W + Q}{E} \tag{3-12}$$

式中　η_{tot}——热电联产系统综合效率；

W——发电量，GJ；

Q——供热量，GJ；

E——热电联产系统总能耗，一般按照燃料的低位发热量计算，GJ。

对 η_{el}、η_h 的定义，国内外略有不同，主要体现在比较对象的选择上。国外一般采用 E 作为比较对象，则 η_{el}、η_h 的计算式分别为

$$\eta_{el} = \frac{W}{E} \tag{3-13}$$

$$\eta_h = \frac{Q}{E} \tag{3-14}$$

式中　η_{el}——热电联产系统发电效率；

η_h——热电联产系统供热效率。

η_{tot}、η_{el}、η_h 三者之间的关系式为：$\eta_{tot} = \eta_{el} + \eta_h$ 。

但国内通常将 E 分为发电能耗 E_{el} 和供热能耗 E_h 两部分（即 $E = E_{el} + E_h$ ），对发电效率、供热效率的定义也与国外不同，其计算式分别为

$$\eta_{el,C}=\frac{W}{E_{el}} \tag{3-15}$$

$$\eta_{h,C}=\frac{Q}{E_h} \tag{3-16}$$

式中　$\eta_{el,C}$——国内定义的发电效率；

E_{el}——热电联产系统发电能耗，GJ；

$\eta_{h,C}$——国内定义的供热效率；

E_h——热电联产系统供热能耗，GJ。

因此有

$$\eta_{tot}=\frac{W+Q}{E_{el}+E_h} \tag{3-17}$$

国内将 E 分为 E_{el}、E_h 两部分，使得 $\eta_{el,C}$、$\eta_{h,C}$ 的表达形式与热电分产系统的发电效率、供热效率表达形式相似，这样理解起来比较容易。但随之而来的问题是，如何分配 E_{el}、E_h 在总能耗中的比例。

一个生产周期内总发电量与总供热量之间的比例关系也是体现热电联产系统性能的一个重要参数，国内一般采用热电比 σ_C 来表示，计算式为

$$\sigma_C=\frac{Q}{W} \tag{3-18}$$

式中　σ_C——热电联产系统热电比。

而国外恰好相反，常用电热比 σ 表示，计算式为

$$\sigma=\frac{W}{Q}=\frac{\eta_{el}}{\eta_h} \tag{3-19}$$

式中　σ——热电联产系统电热比。

3.1.1.2　基于热力学第二定律

以上性能评价指标都是根据热力学第一定律提出的，没有考虑电能与热能之间品质的差异。因此从热力学第二定律出发，提出了热电联产系统㶲效率 η_{ex}，即电能与热能中含有的㶲与热电联产系统输入㶲之比，η_{ex} 的计算式为

$$\eta_{ex}=\frac{W+E_{ex,h}}{E_{ex,f}} \tag{3-20}$$

式中　η_{ex}——热电联产系统㶲效率；

$E_{ex,h}$——热电联产系统产生的热能㶲，GJ；

$E_{ex,f}$——热电联产系统消耗的燃料㶲，GJ。

电能具有的㶲与自身能量相等，而热能㶲与自身能量之间存在比例关系，表达式为

$$\alpha_{h}=\frac{E_{ex,h}}{Q} \tag{3-21}$$

式中　α_{h}——比例，与供热介质（蒸汽等）及环境的温度、压力有关。

燃料㶲通常取其化学㶲。对于大多数碳氢化合物燃料来说，化学㶲为燃料低位发热量的 1.00～1.11 倍。若燃料为有压的天然气，根据压力的不同需额外附加 1%～2%的热机械㶲。

3.3.2　热电分产系统

相对于热电联产系统，热电分产系统的性能评价指标比较简单，一般采用发电机组的发电效率 $\eta_{el,ref}$ 和供热设备（锅炉等）的供热效率 $\eta_{h,ref}$。$\eta_{el,ref}$、$\eta_{h,ref}$ 的计算式分别为

$$\eta_{el,ref}=\frac{W}{E_{el,ref}} \tag{3-22}$$

$$\eta_{h,ref}=\frac{Q}{E_{h,ref}} \tag{3-23}$$

式中　$\eta_{el,ref}$——热电分产发电机组的发电效率；

$E_{el,ref}$——热电分产发电机组的发电能耗，GJ；

$\eta_{h,ref}$——热电分产供热设备的供热效率；

$E_{h,ref}$——热电分产供热设备的供热能耗，GJ。

热电分产系统总能耗的计算式为

$$E_{ref}=E_{el,ref}+E_{h,ref} \tag{3-24}$$

式中　E_{ref}——热电分产系统总能耗，GJ。

在比较热电联产系统与热电分产系统的性能时，$\eta_{el,ref}$、$\eta_{h,ref}$ 的取值十分关键，通常可以选择当前已经投产的主力机组的性能参数，或者目前技术水平最高、性能最好的机组的性能参数，也可以选取一个中间值。我国颁布的《严寒和寒冷地区居住建筑节能设计标准》（JGJ 26—2018）中第 5.2.4 条规定了不同燃料、不同热功率供热锅炉的最低设计效率。

在常规工程热力学评价指标中，除 η_{ex} 考虑了电能与热能之间的能量品质差异外，其他评价指标均不能真实地反映出热电联产系统的实际性能水平。为了弥补常规工程热力学评价指标的不足，各国在常规工程热力学评价指标的基础上进行了一些修改。

3.3.3 当量发电效率

一些国家提出了当量发电效率（equivalent electrical efficiency）的概念，也称虚拟热效率（artificial thermal efficiency）。各国对当量发电效率的定义略有不同，西班牙颁布的皇家法令（Royal Decree 436/2004）给出的当量发电效率 $\eta_{EEE,S}$ 的定义式为

$$\eta_{EEE,S}=\frac{W}{E-\dfrac{Q}{\eta_{h,ref}}} \tag{3-25}$$

$\eta_{h,ref}$ 取 0.9，认为热电联产系统以热电分产系统的供热效率恒定地对用户供热。在此基础上，规定了热电联产系统的 $\eta_{EEE,S}$ 应大于等于 0.55。

西班牙对当量发电效率的定义式以热电分产系统的供热效率为参照来计算热电联产系统的当量发电效率。葡萄牙也是按照这一思路定义当量发电效率的。当量发电效率还有另外一种定义思路，就是先把热电联产系统提供的热能按照一定的比例转化成电能（㶲），与实际发电量相加作为热电联产系统的总发电量，然后与 E 相比，计算热电联产系统的当量发电效率。美国、巴西等国家就是按这一思路进行定义的。

3.3.4 品质指数

英国提出了一种不同于当量发电效率的热电联产系统性能评价指标，称为

品质指数（quality index）。其定义式为

$$\eta_{QI}=X\eta_{el}+Y\eta_{h}=X(\eta_{el}+\frac{Y}{X}\eta_{h}) \tag{3-26}$$

式中　η_{QI}——热电联产系统的品质指数；

X，Y——相对于热电分产替代机组的发电和供热系数，其取值与机组容量和类型有关。

对于以天然气为燃料的热电联产机组，Y 恒定为 125，X 随着机组容量增大而减小，取值分别为 220（1～10MW）、205（10～25MW）、190（25～50MW）、185（50～100MW）。还有一点与其他评价指标不同的是，在计算 η_{QI} 时，采用的是燃料高位发热量。英国相关能源法规定，当 η_{QI} 大于 105 且全年发电量折算的热量超过以燃料高位发热量计算的热量的 20%时，可以认为热电联产系统品质好。

3.3.5　节能减排性能评价指标

为了体现热电联产系统在节能和减少有害气体排放方面相比热电分产系统具有优越性，各国提出了能反映二者在节能减排方面差异的评价指标。常用的有一次能耗节约量（primary energy savings）、相对一次能耗节约率（relative primary energy savings）、相对 CO_2 排放减少率（relative CO_2 emissions savings）等。

一次能耗节约量 E_{PES}（单位：GJ）是指当 W 与 Q 相同时，E 相比 E_{ref} 的减少量。E_{PES} 的计算式为

$$E_{PES}=E_{ref}-E \tag{3-27}$$

相对一次能耗节约率 I_{RPES} 的计算式为

$$I_{RPES}=1-\frac{E}{E_{ref}} \tag{3-28}$$

3.3.6　国内热电联产综合效益

由于我国热电联产行业起步晚，有关热电联产系统性能评价指标的研究相

对较少，目前遵循的行业规定主要是2000年发布的《关于发展热电联产的规定》（以下简称《规定》）。《规定》中给出了热电联产系统的定义，并提出了用于评价我国热电联产系统性能的指标，分别是η_{tot}和热电比σ_C。《规定》将热电联产机组划分为了蒸汽轮机热电联产、燃气-蒸汽联合循环热电联产两类。前者要求η_{tot}（年平均值）大于45%，并根据容量等级规定了σ_C的取值范围；后者要求η_{tot}（年平均值）大于55%，且σ_C（年平均值）应大于30%。与国外热电联产评价指标相比，我国采用的评价指标就是常规工程热力学指标，并未进行任何修改，对热电联产系统的性能评价不够全面。

综上所述，我国热电联产系统性能评价指标η_{tot}、σ_C为常规工程热力学指标，仅以热力学第一定律为基础，不能完全反映热电联产系统的实际性能水平。国外采用的当量发电效率E_{PES}、I_{RPES}及相对CO_2排放减少率等评价指标在热力学第一、第二定律的基础上，还考虑了污染物排放的影响。

因此，参考国外热电联产系统相关性能评价指标，修改补充我国热电联产系统性能评价体系，有利于正确引导我国热电联产行业发展。

3.4 热电厂的热化系数

热化系数是热电厂供热机组汽轮机最大抽汽供热量与热电厂最大供热热负荷的比值。它是热电厂最主要的技术经济参数。不仅热电厂的装机容量取决于热化系数的大小，而且热电厂所获得的燃料节约量在很大程度上也与热化系数有关。

对于新的热电厂，选取合理的热化系数不仅能使热电厂在保证供热的前提下，建设投资为最小，而且还能使热电厂的供热机组在全年中，在设计工况下运行的持续时间比较长。这就保证了热电厂有较高的热效率，同时对运行的管理、机组寿命的延长也是很有利的。然而选取合理的热化系数是比较复杂的，涉及许多因素，如热负荷的测定是否正确、投资的规模与投资回收的年限、年供热时间的长短、燃料运输及环保等。现在已有了一些合理的热化系数计算式，为拟建新的热电厂选取热化系数带来了方便。

3.4.1 热化系数的确定

拟建的新热电厂的规模应由合理的热化系数来决定，热化系数一般小于

1。对已经运行的热电厂，热化系数的选取则应该以热电厂一年中热电联产与热电分产相比所获得的燃料节约量最大为原则。对于已经运行多年，同时具有热化循环和凝汽循环的热电厂，若所承担的热负荷年平均值较大，供热时间较长，实际运行时的热化系数应取大一点。这是因为在这种情况下，热化系数 α 越大，热化发电量也越大，由于年负荷平均值较大，此条件下的热化汽轮机运行稳定，发电燃料消耗率的变化不大，这样就达到了节约燃料的目的。

在已确定建设热电联产能量供应方案后，为使系统的经济性达到最佳，应根据热负荷的大小及特性，通过论证合理地选择供热机组的容量和形式。同时还应建设一定容量的调峰锅炉与供热机组进行联合（或配合）供热，以提高机组供热能力的利用率和系统的经济效益，这是热电联产系统结构发展的基本方向。这种以热电联产为基础，将热电联产供热与调峰锅炉房供热按一定比例组成的热电联产能量供应系统，其经济性主要取决于联产供热在总供热量中所占的比例。这一表示热化程度的比值叫做热化系数，可简明地表示为

$$\alpha_{\mathrm{p}}=\frac{Q_{\mathrm{ht(M)}}}{Q_{\mathrm{M}}} \tag{3-29}$$

$$\alpha_{\mathrm{tp}}^{\mathrm{a}}=\frac{\text{机组同一抽汽参数的年供热量}}{\text{系统的年需热量}} \tag{3-30}$$

式中　α_{p}——小时热化系数；

$\alpha_{\mathrm{tp}}^{\mathrm{a}}$——热化系数；

$Q_{\mathrm{ht(M)}}$——热电厂供热机组同一抽汽参数的最大抽汽供热量，kg/h；

Q_{M}——系统最大热负荷，kg/h。

3.4.2　影响热化系数的因素

从热电联产能量供应系统经济性所涉及的范围来看，影响热化系数最优值的因素主要有气象特性，热负荷的种类、大小及特性，供热机组的容量、形式及特性，代替凝汽式机组的参数和规模，燃料供应及厂址条件，热电厂的容量及其在电力系统中的地位，电价、热价和煤价，系统和设备的投资以及有关非经济的社会因素等。这些因素都是随时间和空间而转移的变量，所以热化系数最优值的确定问题较为重要，是在反映国家技术经济政策前提下的一个涉及面广、较复杂的能量供应系统的结构优化问题。为确定热化系数的最优值，应做

好以下几点：

① 为正确地选择供热设备、拟定供热方案、确定合理的运行方式及供热调节等，必须对各种热负荷的大小、参数及变化特性做细致的调研和计算。

在工程规划设计阶段，采暖热负荷 Q_h（kJ/h）目前普遍采用概算方法确定，即根据建筑物的性质和采暖面积计算。

$$Q_h = \chi_a F \tag{3-31}$$

式中 χ_a——建筑物单位面积采暖热指标，对于民用住宅，χ_a 取 0.188～0.230kJ/(m^2·h)；

F——设计范围内的总采暖面积，m^2。

F 是用统计方法确定的。正确地选择 χ_a 值是确定采暖热负荷的重要条件，χ_a 值应根据我国国情、各地的气象状况及建筑物的用途而定。

② 根据室外气温变化的统计资料和采暖热负荷的大小绘制季节性热负荷持续时间曲线，进而计算供热系统的年需热量、机组的年供热量及其他经济指标。热负荷持续时间曲线的准确性对上述技术经济分析结果会有明显影响，因此应采用科学的统计方法确定室外气温的变化特性数据。工业热负荷的持续时间曲线，应根据各生产工艺的特性进行综合、整理求出，一般没有明显的规律性。

③ 根据热负荷的大小、特性及国家供热机组的产品系列选择供热机组的形式和容量，并研究机组的热力性能。若根据热负荷特性确定选择背压机时要慎重考虑，实践证明，单纯装设背压机由于夏季热负荷的降低会严重影响系统的热经济效益。在热电厂中，背压机一般应与其他形式供热机组配合运行才能保证较好的热经济性。对于采暖热负荷也要通过分析论证选择经济效益高的供热机组，在采暖热负荷比较集中或采暖期较短的大城市，宜考虑装设新机型大容量供热机组。

④ 分析电力系统的结构、水平及热电厂在电力系统中的地位。在大容量电网中因高参数大容量的凝汽式电厂较多，一般情况下装设小型供热机组可能是不经济的。或者说，在没有较大的集中热负荷时，是否装设热电联产供热机组也要分析研究后确定。在这些情况下，有时装设集中锅炉供热可能是经济的，这些问题都要通过技术经济论证确定。

⑤ 调峰锅炉的装设地点对热电联产系统的综合经济性也有一定影响。当采用外网锅炉调峰时，热电厂供水温度一般为 105～110℃；当用厂内锅炉调

峰时，通过调峰锅炉或尖峰加热器将热网供水温度提高到 130～180℃，这样将使供热机组的投资和热经济性、热网和热力站的投资等发生变化，而影响热化系数的最优值。

⑥ 投资是热电联产综合经济效果的敏感问题，比较复杂，确定热电联产系统各组成部分的单位投资指标（包括设备费、材料费、施工费用等）时，应符合国家现行的经济政策，并反映相同年份的价格指标，这时投资对系统综合经济性的影响才具有实际意义。

3.5　供热式机组的选型

热电联产机组主要分为抽汽式供热机组和高背压式供热机组，除此之外，也有热泵供热机组以及凝汽抽汽背压式（NCB 式）供热机组等，这些机组在不同的火电机组上应用时也有一定的差异。目前，主要使用的机组为抽汽式供热机组和高背压式供热机组，另外，也有一些热泵供热机组以及其他供热机组进行试验运行或者特殊供热运行。

3.5.1　热电厂供热运行方式概述

3.5.1.1　抽汽供热

抽汽供热是指通过在汽轮机连通管中打孔抽取高温蒸汽来加热热网循环水的一种供热方法，该方法由于有着简单易调节的特点，常用于早期的热电联产机组。但由于抽汽参数远高于热网供水所需，会浪费一部分的高品位能量，造成热经济性的降低，抽汽供热的效率只在较少情况下高于其他方法。由于该方法使用较为方便，目前仍为最常见的供热方式，也在其他供热方式无法满足供热负荷要求时用作补充。

3.5.1.2　高背压供热

高背压供热是指通过提高汽轮机组低压缸排汽参数，利用汽轮机低压缸乏汽余热加热热网循环水的一种供热方法。该方法相比抽汽供热可以充分利用排汽余热，减少冷源损失，同时可以减少高品位能量消耗，提高了机组的热经济性。高背压供热的方式对于冷端运行方式不同的火电机组有一定的差异。

直接空冷的高背压供热方式是根据供热负荷要求将汽轮机低压缸的排汽分为两路，一路通往热网加热器冷却的同时加热热网循环水，另一路送往直接空冷凝汽器冷却，这两路冷却后的凝结水汇合送入凝结水系统。如果通往热网加热器的蒸汽量无法满足供热热负荷需求，还需要通过中压缸抽汽进尖峰加热器补充供热。在供热季时因为外界气温较低，直接空冷凝汽器因防冻需求要维持温度，但由于直接空冷凝汽器往往建设成空冷岛形式，对外界环境开放，使得其在供热高负荷期的散热损失较大。

间接空冷的高背压供热方式是将汽轮机低压缸排汽送入凝汽器与循环冷却水换热冷却，被加热后的循环冷却水则视热负荷要求，一部分送入热网供热，另一部分送往空冷塔冷却，冷却后的循环冷却水与热网回水混合再送回凝汽器形成循环。如果用于热网供热的循环水无法满足供热热负荷需求，还需要通过尖峰加热器补充供热。由于间接空冷凝汽器往往建设成空冷塔形式，能够通过百叶窗开闭调节与外界的换热量，因此间接空冷凝汽器在供热高负荷期可以关闭百叶窗从而降低散热损失。所以间接空冷相比直接空冷的散热损失较低。

湿冷高背压供热方式与间接空冷高背压供热方式相似，都是将汽轮机低压缸排汽送入凝汽器与循环冷却水换热冷却，不同的是湿冷机组换热冷却后的冷却水不进行循环，一部分被加热的冷却水送入热网供热，剩余的部分直接排出系统，而从外界引入新的冷却水与热网回水混合后再送入凝汽器完成流程。如果用于热网供热的冷却水无法满足供热热负荷需求，还需要通过尖峰加热器补充供热。相比空冷机组，湿冷机组的背压较低，因此为了进行高背压供热，需要进行机组改造，同时在非供热季和供热季更替时要更换低压缸的转子。另外，湿冷机组要用到大量的冷却水，所以对建设地点有一定的要求，无法建设在缺水的地区。

3.5.1.3 抽汽与高背压双机组联合供热

抽汽与高背压双机组联合供热是指抽汽式机组与高背压式机组联合运行，先由高背压式机组的排汽余热加热热网循环回水，如无法满足供热热负荷需求，再通过抽汽式机组的抽汽进行尖峰加热。这种方法联合了两机组的供热能力和供热负荷适应能力，且高背压式机组在此运行方式下能保持满负荷运行，在效率上可能有一定优势。为了减少抽汽式机组与高背压式机组在单机组运行情况下的热经济性损失，进行抽汽与高背压双机组联合运行是一种可以尝试的办法。

3.5.1.4 热泵供热

热泵供热是先通过吸收式热泵或压缩式热泵提取汽轮机低压缸排汽余热加热热网水，如不能满足热负荷再通过尖峰加热器加热。相比抽汽供热，热泵供热的热经济性更好。相比高背压供热，热泵供热运行调节更为灵活。同时，热泵供热对机组要求较低，改造较为方便。但是热泵供热改造运行费用较高，因此主要用于对供热品质要求较高的项目。

3.5.1.5 NCB 式机组供热

NCB 式机组是一种新型的供热机组，结合了凝汽式机组、抽汽式机组以及高背压机组的特点。它使用离合器连接了中压缸与低压缸，在无供热负荷时为普通的凝汽式机组，在低供热负荷时通过中压缸尾部抽汽供热，在高供热负荷时将低压缸解列，机组转化为以中压缸为末尾的高背压式机组。NCB 式机组运行灵活，能够适应供热季与非供热季运行需要的变化，年平均热效率高。但是在固定工况下，其效率不如凝汽式机组与高背压机组。

3.5.2 机组运行方式设计

3.5.2.1 抽汽式热电联产机组

图 3-3 所示的抽汽式热电联产机组由中压缸排汽抽汽进行供热，供热回水进入除氧器。

对抽汽式热电联产机组，考虑在不同热负荷和电负荷下的工作情况，设计如下运行方式：

机组运行背压　15kPa。

主蒸汽流量　1120t/h、800t/h、600t/h。

供热负荷　50MW、100MW、150MW、200MW、250MW、300MW、350MW、400MW。

3.5.2.2 高背压式热电联产机组

图 3-4 所示的高背压式热电联产机组，蒸汽由低压缸高背压排汽部分进入高背压供热换热器进行供热，如不能满足供热温度要求，从中压缸排汽抽汽进行额外尖峰加热。

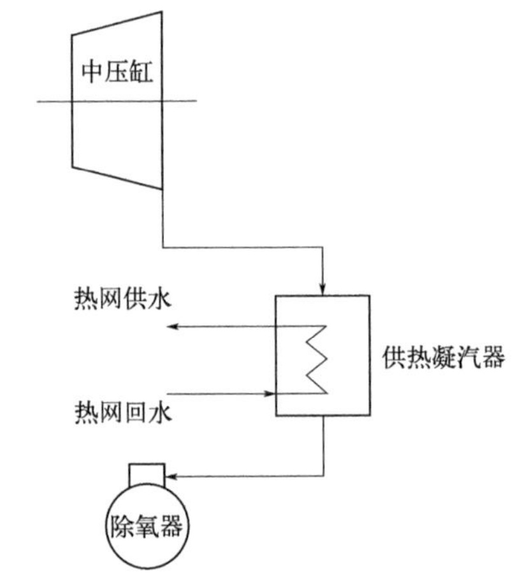

图 3-3 抽汽式机组供热运行示意图

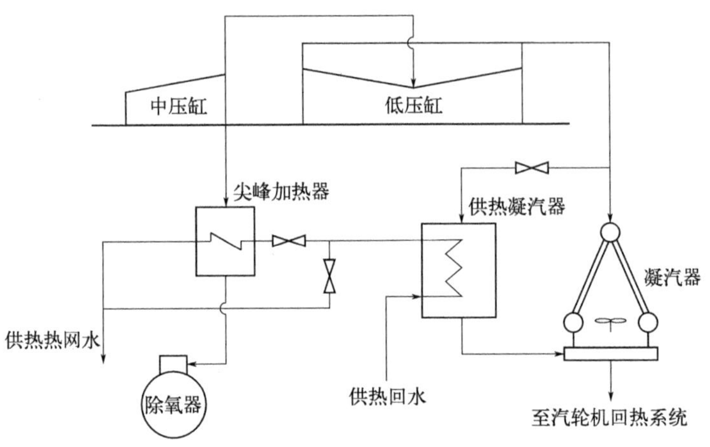

图 3-4 高背压式机组供热运行示意图

对高背压式热电联产机组，考虑在不同热负荷、电负荷以及供热温度下的工作情况，设计如下运行方式：

机组运行背压 34kPa。高背压排汽温度为 72℃，考虑到供热凝汽器端差，由高背压供热凝汽器将供热回水加热至 70℃，剩余所需热量由中压缸抽汽进行尖峰加热。

主蒸汽流量 1120t/h、800t/h、600t/h。

供热负荷 50MW、100MW、150MW、200MW、250MW、300MW、350MW、

400MW。

供回水温度 75℃/50℃、80℃/55℃、85℃/60℃。

3.5.2.3　抽汽式与高背压式双机组联合供热机组

抽汽式与高背压式双机组联合供热机组，使用高背压式机组由低压缸高背压排汽部分进入高背压供热换热器进行供热。如不能满足供热温度要求，从抽汽式机组的中压缸排汽抽汽进行额外尖峰加热，机组运行示意图如图 3-5 所示。

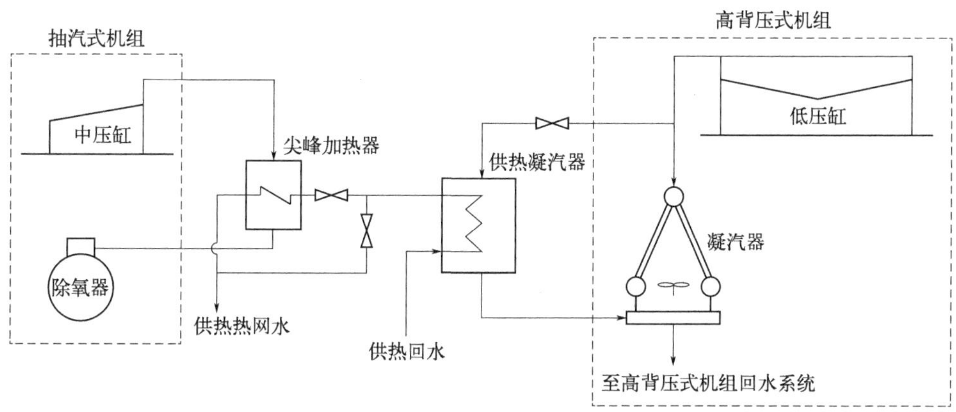

图 3-5　抽汽式与高背压式双机联合供热机组运行示意图

对抽汽式与高背压式双机组联合供热热电联产机组，考虑在不同热负荷、电负荷以及供热温度下的工作情况，设计如下运行方式：

抽汽式机组运行背压 15kPa，高背压式机组运行背压 34kPa。高背压排汽温度为 72℃，考虑到供热凝汽器端差，由高背压供热凝汽器将供热回水加热至 70℃，如高背压余热不足以加热供热回水至 70℃，则认为将所有可用于加热的凝汽热量用于加热供热回水，剩余所需热量由抽汽式机组中压缸抽汽提供进行尖峰加热。

双机组主蒸汽流量相同，为 1120t/h、800t/h、600t/h。

平均单机供热负荷 50MW、100MW、150MW、200MW、250MW、300MW、350MW、400MW，即两机组合计供热负荷 100MW、200MW、300MW、400MW、500MW、600MW、700MW、800MW。

供回水温度 75℃/50℃、80℃/55℃、85℃/60℃。

本机组的热经济性参数在参与对比时，发电功率选取两机组平均值，供电煤耗率、总能源利用率、㶲效率和热电比选取两机组合计值。

3.6 热电厂的对外供热系统

热电厂根据其载热质的不同选择不同的供热热网。热网载热质可分为蒸汽载热质和热水载热质，故供热热网分为水网和汽网。

3.6.1 供热热网的特点

3.6.1.1 水网

① 供热距离远。

② 水网是利用供热式汽轮机的调节抽汽，在面式热网加热器中凝结放热，将网水加热，并将加热后的网水作为载热质通过水网对外供热，该加热蒸汽被凝结成的水可全部收回热电厂，即回水率 $\varphi=100\%$。

③ 水网设计供水温度 $t_{su}^{d}=130\sim150$℃，可用供热汽轮机的低压抽汽作加热蒸汽，使热化发电比加大，提高其热经济性。

④ 可在热电厂内通过改变网水温度进行集中供热调节，而且由于水网蓄热能力大，热负荷变化大时仍稳定运行，水温变化缓和。

3.6.1.2 汽网

① 对热用户适应性强，可满足各种热负荷，特别是某些工艺过程如汽锤蒸汽搅拌、动力用汽等，必须用蒸汽。

② 输送蒸汽的能耗小，比水网用热网水泵输送热水的耗电量低得多。

③ 蒸汽密度小，因地形变化（高差）而形成的静压小，且汽网的泄漏量较小（为水网的 1/20～1/40）。而水网的密度大，事故的敏感性强，对水力工况要求严格。

3.6.2 汽网的供汽系统及其设备

3.6.2.1 供汽方案

热电厂可能的供汽方案集中在一台机组上（实际不是这样的）如图 3-6

所示。

① 由锅炉引来蒸汽经减压减温后直接供汽，如图中 p_1 所示。

② 由背压机组的排汽或抽汽凝汽式供热机组的高压调节抽汽对外供汽，称为直接供汽方式。如图中 p_3 所示为抽汽凝汽式供热机组的调节抽汽对外供热。直接供汽简单、投资少，现在多采用这种方式。

③ 如供热式汽轮机的排汽或调节抽汽压力略低于热用户的要求，而所需蒸汽量又不大，不宜因此多选一台供热式机组时，则可采用蒸汽喷射泵。其工作原理和构造特征与凝汽器系统用的射汽抽汽器类似。通过蒸汽喷射泵，可将供热机组压力为 p_3 的蒸汽增压至 p_2 后再对外直接供汽。

④ 利用供热机组的调节抽汽作为蒸汽发生器的加热（一次）蒸汽，产生压力稍低的 p_4（二次蒸汽）对外供汽，称为间接供汽方式。

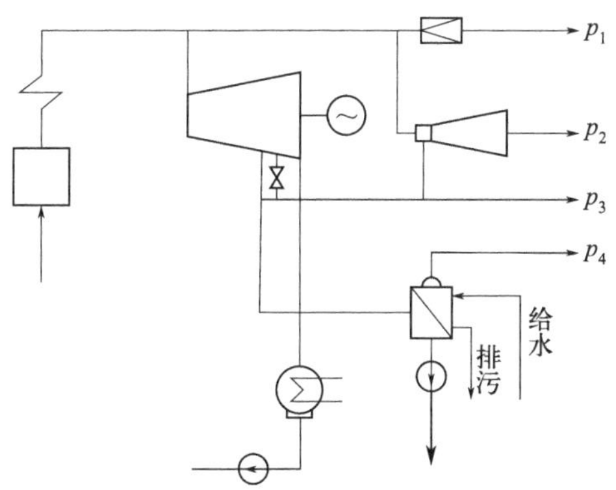

图 3-6　热电厂不同供汽方案的示意图

3.6.2.2　减压减温器

减压减温器是用来降低蒸汽压力和温度的设备，不仅能用于热电厂的供热系统，凝汽式发电厂也常用它作为厂用汽源设备，将降压减温后的蒸汽用于加热重油，或者作为除氧器的备用汽源，在单元式机组中也常用它来构成旁路系统。如图 3-7 所示为减压减温器的原则性热力系统。

分产供热用减压减温器出口蒸汽参数的选择，不影响热电厂的热经济性。作为供热抽汽用的减压减温器，其出口蒸汽参数应与供热抽汽参数完全相同。作为水网峰载热网加热器的汽源设备时，其出口汽压应能将网水加热至所需温度（设计送水温度 t_{su}^{d} 加上峰载热网加热器的端差），并能使其疏水流至高压除氧器。

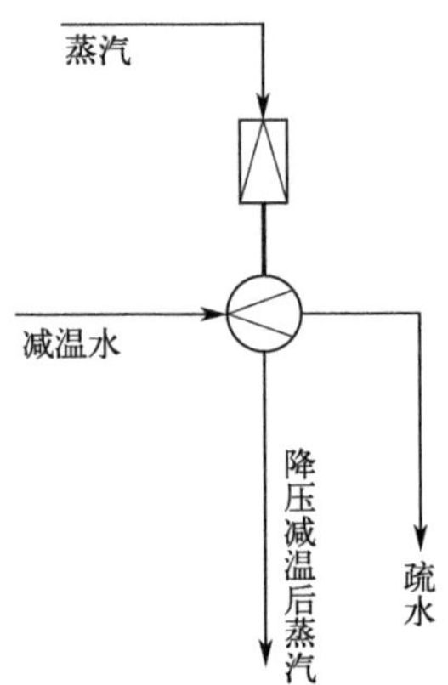

图 3-7　减压减温器的原则性热力系统

3.6.3　水网的供热设备及其系统

以水为载热质的采暖、通风用热水和热水负荷的热水，都是通过水网的热网加热器制备的。

3.6.3.1　热网加热器的类型

热网加热器是面式换热器，其工作原理和构造与面式回热加热器相同，也有立式、卧式之分。但其容量、换热面积较大，可达500m^2；端差较大，可达10℃左右；其水质逊于给水、凝结水；为便于清洗，多采用直管。

一般不是按季节性热负荷的最大值选择一台热网加热器，而是配置水侧串联的两台热网加热器 BH、PH，如图 3-8 所示。

3.6.3.2　水网加热设备的选择

基载热网加热器可安排在非采暖期进行检修，故不设备用，但在容量上有一定裕度，即在停用一台热网加热器时，其余热网加热器能满足 60%～75%（严寒地区取上限）季节性热负荷的需要。采暖建筑有一定的蓄热能力，可保证基本需要，不设备用加热器可减少水网供热系统的投资和运行费用。至于峰载热网加热器或热水锅炉的配置，应根据热负荷的性质、供热距离、当地气象条件和热网系统等具体情况，综合研究确定。一般热网水泵 HP、热网凝结水（即热网疏水）泵 HDP 和热网补充水泵 HMP 都不少于两台，其中一台备用。

备用热网补充水泵应能自动投入。

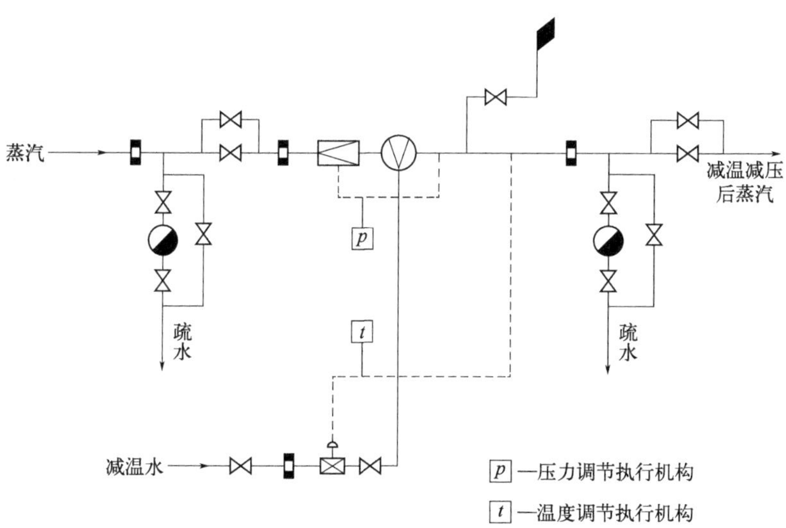

图 3-8 配置水侧串联的两台热网加热器

第4章
热力发电厂原则性热力系统

4.1 回热加热系统

回热加热系统是热电厂的重要组成部分，也是提高热电厂效率的一项重要措施，现代大型热电厂几乎都采用了回热加热系统。该系统由回热加热器、回热抽汽管道、水管道、疏水管道、疏水泵及其附件等组成。其中回热加热器是该系统的核心。

4.1.1 回热加热器的类型及结构

按照汽、水接触方式（传热方式）不同，回热加热器分为混合式加热器（汽、水直接接触）与表面式加热器（汽、水不直接接触）等两种；按照受热面的布置方式，其又可分为立式和卧式。

4.1.1.1 混合式加热器

混合式加热器是指直接混合加热蒸汽和被加热的水的加热设备，可以将水加热到该加热器蒸汽压力下的饱和温度。

混合式加热器及其系统具有以下特点：

① 传热效果好。能充分利用抽汽的热能，从而使发电厂节省更多的燃料。

② 由于汽、水直接接触，没有金属传热面，因此结构简单，金属耗量少，造价低，便于汇集各种不同参数的汽、水流量，如疏水、补充水、扩容蒸汽等。

③ 可以兼作除氧设备使用，避免高温金属受热面氧腐蚀。

全部由混合式加热器组成的回热系统如图 4-1 所示。此回热系统结构较为复杂，导致系统和设备的可靠性降低，投资增加。另外，水泵输送的工质为高温水，工作条件恶劣，为了使水泵工作安全，每台水泵都必须装备有一定高度且较大容积的给水箱，以避免水泵汽蚀现象。除此之外，再考虑到各级备用水泵的配置，会使热力系统布置更复杂，且主厂房的造价更高，运行费用也随之增加。

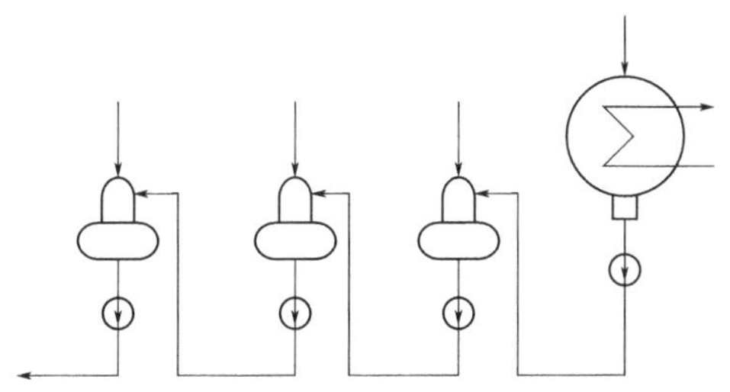

图 4-1　全混合式加热器的回热系统

利用汽轮机不调节抽汽加热给水时，水泵的出水温度将随负荷和抽汽压力的变化而变化，这就使水泵的工作可靠性降低。

因此，混合式加热器在常规发电厂中并没有被普遍采用，只用一台作为系统中的除氧设备。

根据布置方式不同，混合式加热器又有卧式与立式两种。图 4-2 为卧式混合式低压加热器结构示意图，图 4-3 为立式混合式低压加热器结构示意图。

4.1.1.2　表面式加热器

表面式加热器是通过金属受热面将蒸汽的凝结放热量传给管束内的被加热水，因此存在热阻，一般情况下不能将水加热到该加热蒸汽压力下的饱和温度。加热器管内流动的水吸热升温后的出口温度（汽侧压力下的饱和温度）与水侧出口水温（若有疏水器，则为疏水温度）之差，称为端差，记为 θ 。表面式加热器中加热蒸汽在管外冲刷放热后的凝结水称为疏水。θ 越小，热交换能力损失越小，热经济性越高，但同时为了达到增强传热效果的目的，加热器的换热面积也随之增加。

相比混合式加热器，表面式加热器具有以下特点：

① 表面式加热器组成的系统简单，运行安全可靠，布置方便，投资少。

② 系统所需的水泵数量少，节省厂用电。

③ 表面式加热器存在端差，传热效果差，导致热经济性比混合式低。

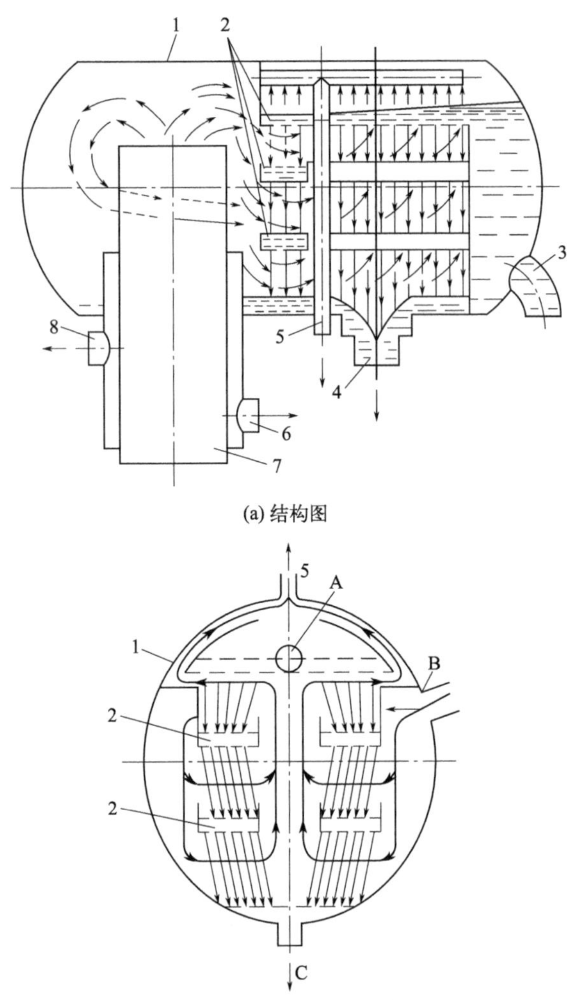

(a) 结构图

(b) 加热器内凝结水加热示意图

图 4-2　卧式混合式低压加热器结构示意图

1—外壳；2—多孔淋水盘组；3—凝结水入口；4—凝结水出口；5—汽气混合物引出口；6—事故时凝结水到凝结水泵进口联箱的引出口；7—加热蒸汽进口；8—事故时凝结水往凝汽器的引出口；A—凝结水进口（示意）；B—加热蒸汽入口（示意）；C—凝结水出口

④ 表面式加热器金属消耗量大，造价高，有的还需要配备疏水冷却设备。

目前，我国电厂中的回热加热系统除了除氧器外，均采用表面式加热器。图 4-4 为实际电厂采用的典型回热加热系统。图中虚线为疏水管道。

表面式加热器按受热面布置方式，可分为卧式加热器和立式加热器；按加热器的加热参数，可分为高压加热器和低压加热器；按管束形式，可分为直

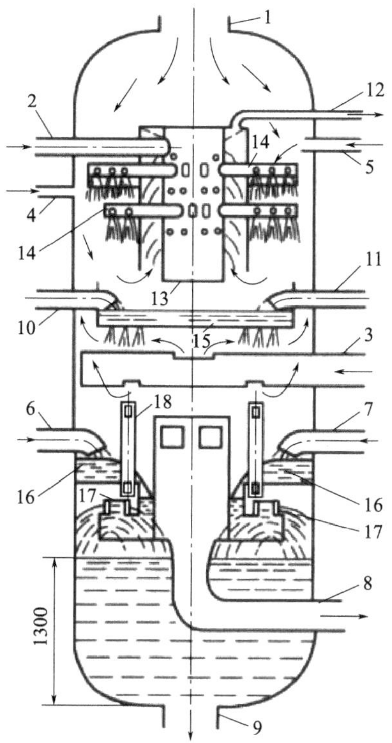

图 4-3　立式混合式低压加热器结构示意图

1—加热蒸汽进口；2—凝结水进口；3—轴封来汽；4—除氧器余汽；5—3 号加热器和热网加热器的余汽；6—热网加热器来疏水；7—3 号加热器疏水；8—排往凝汽器的事故疏水管；9—凝结水出口；10—来自电动、汽动给水泵轴封的水；11—止回阀的排水；12—汽气混合物出口；13—水联箱；14—配水管；15—淋水盘；16—水平隔板；17—止回阀；18—平衡管

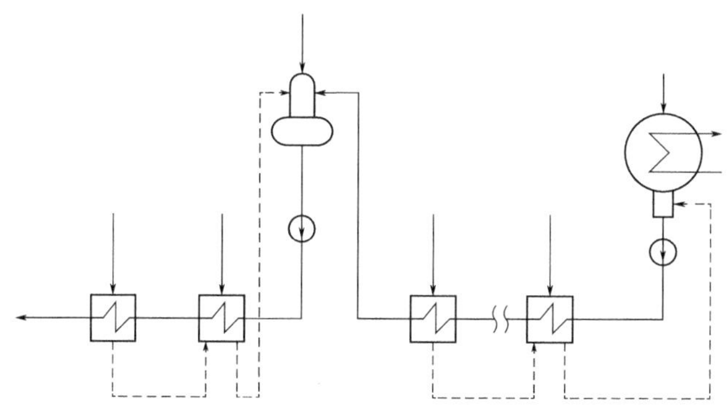

图 4-4　实际电厂采用的典型回热加热系统

管、U 形管、螺旋管、蛇形管等；按管束与加热器筒体的连接方式不同，可分为有管板的水室结构和没有管板的联箱结构。现代一般大容量机组中采用卧式的较多。图 4-5 为管板-U 形管束卧式高压加热器，该加热器由筒体、管板、U 形管束和隔板等主要部件组成。筒体的右侧是加热器水室，它采用半球形、小开孔的结构形式。水室内有一分流隔板，将进出水隔开。给水由给水进口处进入水室下部，通过 U 形管束吸热升温后从水室上部给水出口处离开加热器。加热蒸汽由入口进入筒体，经过蒸汽冷却段、冷凝段、疏水冷却段后由气态变为液态，最后由疏水出口流出。

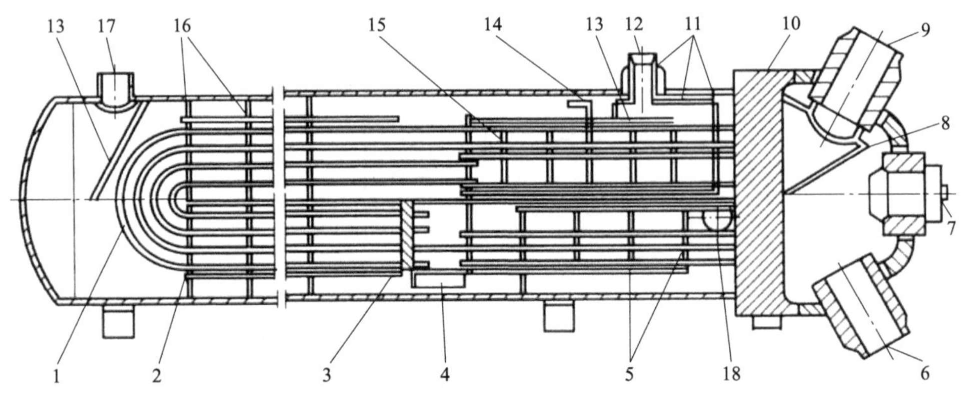

图 4-5　管板-U 形管束卧式高压加热器

1—U 形管；2—拉杆和定距管；3—疏水冷却段端板；4—疏水冷却段进口；5—疏水冷却段隔板；6—给水进口；7—人孔密封板；8—独立的分流隔板；9—给水出口；10—管板；11—蒸汽冷却段遮热板；12—蒸汽进口；13—防冲板；14—管束保护环；15—蒸汽冷却段隔板；16—隔板；17—疏水进口；18—疏水出口

卧式加热器因其换热面管横向布置，在相同凝结放热条件下，其凝结水膜比竖管薄，其单管放热系数比竖管高约 1.7 倍，同时在筒体内易于布置蒸汽冷却段和疏水冷却段，在低负荷时可借助布置的高程差来克服自流压差小的问题。因此，卧式的热经济性高于立式，但其占地面积则较立式大。目前，我国 300MW、600MW 以上机组回热系统多数采用卧式回热加热器。

图 4-6 为管板-U 形管束立式加热器。给水进入上端水室的一侧，流入 U 形管束中，进入加热器的内部空间。加热蒸汽放出的热量，由管壁传递给管内的水，水吸收热量后从出口流出。为了增大加热蒸汽的放热系数，在加热器内装有汽水导向隔板。它不仅可以使加热蒸汽成 S 形流动与管壁保持横向冲刷，并且还可以固定管束，以减轻管束在运动时的振动。

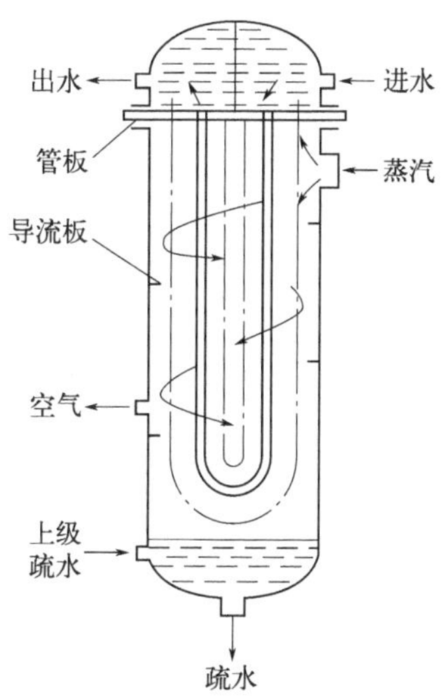

图 4-6　管板-U 形管束立式加热器

该立式加热器占地面积小，便于安装和检修，结构简单，外形尺寸小，管束管径较粗、阻力小；管子损坏不多时，宜采用堵管的办法快速抢修。其缺点是当压力较高时，管板的厚度加大，薄壁管子与厚管板连接，工艺要求高，对温度敏感，运行操作严格，换热效果较差；在设计汽机房屋架高度时，要考虑吊出管束及必要时跨越运行机组的因素。目前，其在中、小机组和部分大机组中采用较多。

此外，还有无管板的加热器、联箱结构加热器和螺旋管式加热器。其中螺旋管式加热器是用柔韧性较强的管束代替 U 形管，避免了管束与厚管板连接的工艺难点。这种结构对温度变化不敏感，局部压力小，安全可靠性高，但水管损坏修复较困难，同时加热器尺寸较大，水阻也较大。

4.1.2　表面式加热器疏水系统及其热经济性分析

加热蒸汽进入表面式加热器放热后，冷凝为凝结水——疏水。为保证加热器内换热过程的连续进行，必须将疏水收集并汇集于系统的主水流（主给水或主凝结水）中。通常疏水的收集方式有以下两种。

一种是利用相邻表面式加热器汽侧压差，压差使压力较高的疏水自流到压力较低的加热器中，逐级自流直至与主水流汇合，这种方式称为疏水逐级自流方式。如图 4-7 所示，1 号高压加热器疏水自流至 2 号高压加热器，2 号高压加热器疏水自流至 3 号高压加热器，3 号高压加热器疏水自流至 4 号混合式加热器（除氧器），汇合于给水中，5～8 号低压加热器的疏水依次从高到低逐级自流，最后流入凝汽器热井而汇合于主凝结水中。

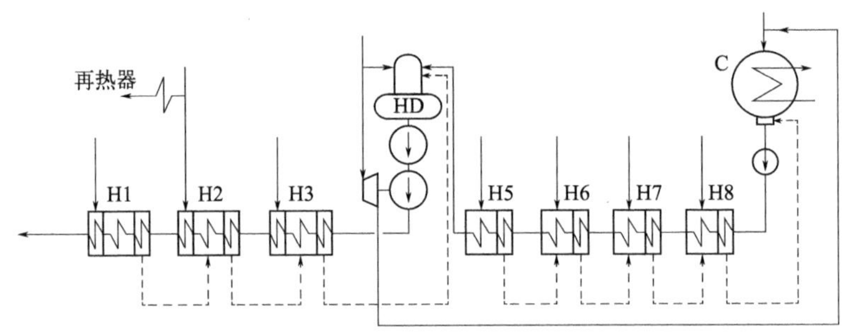

图 4-7　疏水逐级自流示意图

另一种是疏水泵方式，如图 4-8 所示。由于表面式加热器汽侧压力远小于水侧压力，尤其是高压加热器，疏水必须借助疏水泵才能将疏水与水侧的主水流汇合。汇入地点通常是该加热器的出口水流中。由于此汇入地点的混合温差最小，因此混合产生的附加冷源损失亦小。

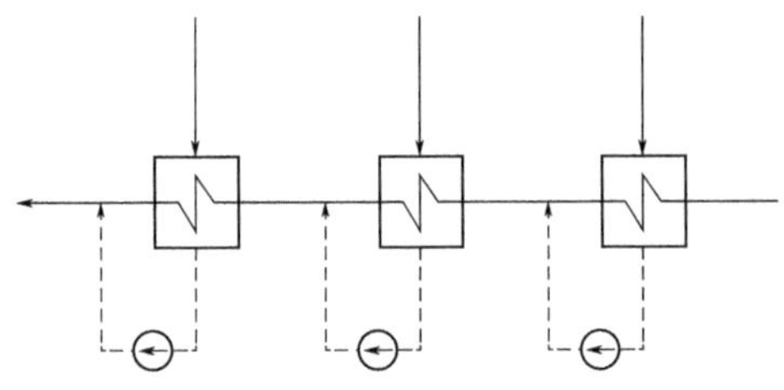

图 4-8　疏水泵疏水示意图

使用疏水泵把加热器的疏水打入主凝结水，是克服表面式加热器因疏水逐级自流而降低热经济性的措施之一。疏水泵疏水的热经济效果比疏水逐级自流高，也比使用疏水冷却器好，但仍略低于混合式加热器。

从热量法角度分析时，着眼于疏水的不同收集方式对回热抽汽做功比 X_r 的影响程度，疏水逐级自流与疏水泵方式相比较，疏水逐级自流由于 j 级疏水热量进入 $j+1$ 级加热器，使压力较高的 $j-1$ 级加热器进口水温比疏水泵方式低，水在其中的焓 $\Delta h_{w,j-1}$ 及相应的回热抽汽量 D_{j-1} 增加。而在压力较低的

$j+1$ 级加热器因疏水热量的进入，排挤了部分低压回热抽汽，D_{j+1} 减少。这种疏水逐级自流方式造成高压抽汽量增加，低压抽汽量减少，从而使 W_{ir}、X_r、η_i 减小，热经济性降低。而疏水泵方式完全避免了对 $j+1$ 级低压抽汽的排挤，同时提高了进入 $j-1$ 级加热器的水温，使 $j-1$ 级抽汽略有减少，故热经济性较高。

4.1.3　疏水冷却段（器）及其热经济性

表面式加热器排出疏水的方式以逐级自流最为简单、可靠。因此，这种疏水方式在发电厂中得到了广泛的应用。但是，疏水逐级回流要排挤低压抽汽，产生不可逆损失；当疏水排入凝汽器时，还将引起直接的冷源损失。这些都使装置的热经济性降低。为此，通常采用的措施之一是增设疏水冷却器。疏水冷却器的定量分析是完善疏水设备和系统，以及合理选择改造疏水方案的根据。

为了减少疏水逐级自流排挤低压抽汽所引起的附加冷源热损失或因疏水压力降低产生热能贬值带来的㶲损 $\Delta e_{r,j+1}$，而又要避免采用疏水泵方式带来其他问题时，可采用疏水冷却段（器）。由于在普通加热器中疏水出口水温为汽侧压力下对应的饱和水温，若将该水温降低后排至压力较低的 $j+1$ 级加热器中，则会减少对低压抽汽的排挤，同时本级也因更多地利用了疏水热能而产生高压抽汽减少、低压抽汽增加的效果，因此采用疏水冷却段（器）可以减小疏水逐级自流带来的负面效果。

疏水冷却装置分内置式与外置式两种。内置式疏水冷却装置是指在加热器内隔离出一部分加热面积，使汽侧疏水先流经该段加热面，降低疏水温度和焓值后再自流到较低压力的加热器中，通常将之称为疏水冷却段。外置式疏水冷却器实际上是一个独立的水-水换热器，此类换热器的主水流管道上安装的孔板会造成压差，使部分主水流进入疏水冷却器吸收疏水的热量，疏水的温度和焓值降低后流入下一级加热器中。

设置疏水冷却段（器），没有像过热蒸汽冷却段的限制条件，因此目前600MW 机组的所有加热器都设置了疏水冷却段。设置疏水冷却段除了能提高热经济性外，对系统的安全运行也有好处。因为原来的疏水为饱和水，当自流到压力较低的加热器时，经过节流降低后，会产生蒸汽而形成两相流动，对管道下一级加热器产生冲击、振动等不良后果，而加装疏水冷却器后，这种可能性就降低了。对高压加热器而言，加装疏水冷却段后，疏水最后流入除氧器时，也将降低除氧器自生沸腾的可能性。

如图 4-9、图 4-10 所示，抽汽管道压降指汽轮机抽汽口压力 p_j 和 j 级回热加热器内汽侧压力 p_j 之差，即

$$\Delta p = p_j - p'_j \tag{4-1}$$

加热蒸汽流过管道，由于管壁的摩擦阻力，必然会导致压力降低。与表面式加热器的端差对热经济性的影响分析类似，抽汽压降 Δp_j 加大，则 $\Delta p'_j p'_j$、t_{sj} 随之减小，引起加热器出口水温 t_{wj} 降低，使整机回热抽汽做功比 X_r 减小，热经济性下降。

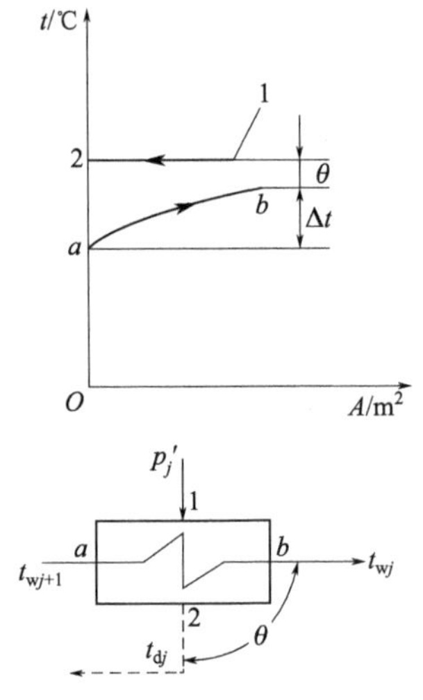

图 4-9　表面式加热器端差示意图

抽汽压降 Δp_j 与蒸汽在管内的流速和局部阻力（阀门、管道附件的数量、类型）有关。凝汽式机组的回热抽汽都是非调整抽汽，除安全、可靠性要求必须满足外，尽可能不设置或少设置额外的配件。对那些必须设置的阀门或管道附件，也应根据作用和功能尽量选择阻力小的类型。

4.1.4　回热加热系统的蒸汽冷却器及自动旁路保护

我国规定，超高压及以上的机组必须采用中间再热；再热后的回热抽汽过

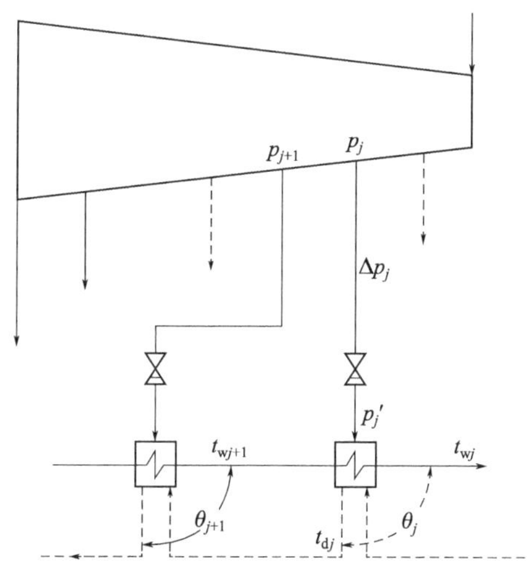

图 4-10　回热抽汽管压降示意图

热度和焓值都有了较大的提高，使再热后各级回热加热器中的换热温差增大，导致熵增大，从而削弱了回热效果。并且由于采用了表面式加热器，金属有热阻存在，给水不可能加热到蒸汽压力所对应的饱和温度，不可避免地有端差存在。为减小传热温差，提高经济性，需要采用蒸汽冷却器。

让过热度较大的回热抽汽先经过一个冷却器或冷却段降低蒸汽温度后，再进入回热加热器，这样不但减少了回热加热器内汽水换热的不可逆损失，而且还可不同程度地提高加热器出口水温，减小加热器端差 θ，改善回热系统的热经济性。

4.1.4.1　蒸汽冷却器的类型

蒸汽冷却器有内置式和外置式两种。内置式蒸汽冷却器也称为过热蒸汽冷却段，它实际上是在加热器内隔离出一部分加热面积，加热蒸汽先流经该段加热面，将过热度降低后再流至加热器的凝结段；通常离开蒸汽冷却段的蒸汽温度仍保持有 15～20℃的过热度，不致使过热蒸汽在该段冷凝为疏水。图 4-11 为带有过热蒸汽冷却段、蒸汽凝结段以及后面将要提到的疏水冷却段的加热器工作过程示意图。其中 h_j^s 为仍具有一定过热度的蒸汽比焓。由此可知，内置式蒸汽冷却器提高的是本级加热器出口水温。由于冷却段的面积有限，回热经济性改善较小，一般可提高经济性 0.15%～0.20%。

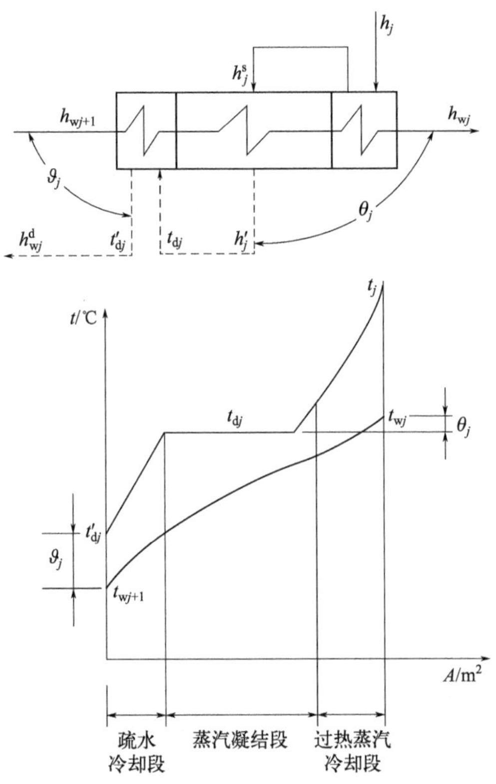

图 4-11 带有内置式蒸汽冷却段和疏水冷却段的加热器工作过程示意图

外置式蒸汽冷却器是一个独立的换热器，具有较大的换热面积，钢材耗量大，造价高，但其布置方式灵活，既可减小本级加热器的端差，又可提高最终给水温度，降低机组热耗，从而使热经济性获得较大提高。从做功能力法的角度来分析，一方面加装外置式蒸汽冷却器后，给水的一部分或全部流经冷却器，吸热升温后进入锅炉，减小了换热温差 ΔT_b，因温差 ΔT_b 引起的㶲损 $\Delta e_{b\text{Ⅱ}}$ 减少。此时给水温度的升高并不是靠最高一级抽汽压力的增加，而是利用抽汽过热度的质量，因而它不会增大最高一级抽汽的做功不足系数。另一方面外置式蒸汽冷却器使流入该级加热器的蒸汽温度降低，既减小了加热器内的换热温差 ΔT_r 和㶲损 Δe_r，又使该级出口给水温度提高，增加了该级回热抽汽量，减少了较高压力级的回热抽汽量，使回热做功比 X_r 提高，降低了热耗。从热量法的角度分析，在机组初终参数不变，机组内功保持一定（W_r=常数）的情况下，采用外置式蒸汽冷却器后，最终给水温度 t_{fw} 的提高（即

h_{fw} 提高）将使热耗 Q_0 下降，回热抽汽做功 W_r 增加，凝汽做功 W_c 减少，冷源损失 ΔQ_c 降低更多，因而热经济性（$\eta_i=W_i/Q_0$）提高更大，可提高效率 0.3%～0.5%。

4.1.4.2 蒸汽冷却器的连接方式

蒸汽冷却器的蒸汽进出口连接通常较简单，而水侧的连接有不同的方式。大多数内置式蒸汽冷却器的水侧连接是顺序连接，即按加热器所处抽汽位置依次连接。图 4-12 为俄罗斯 800MW 机组的内置式蒸汽冷却器的连接方式。

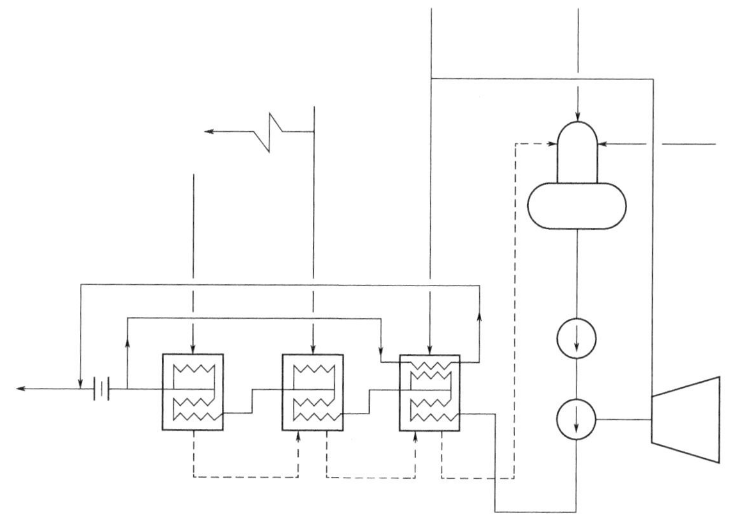

图 4-12　内置式蒸汽冷却器单级串联

外置式蒸汽冷却器的水侧连接依据回热级数、蒸汽冷却器的个数和与主水流的连接关系，主要有串联与并联两种方式。外置串联式蒸汽冷却器是指全部给水流经蒸汽冷却器，利用抽汽过热度加热回热给水，借以提高给水的终温，以达到提高热经济性的目的，如图 4-13 所示。外置并联式蒸汽冷却器只有一部分给水进入冷却器，其量既要使离开冷却器的蒸汽具有适当的过热度，又不应使给水在蒸汽冷却器沸腾；离开冷却器的给水再与主水流混合后送往锅炉，如图 4-14 所示。由于蒸汽冷却器的进水温度相对较低，抽汽过热度能得到充分利用。被利用的过热度热量将根据它品位的高低和分流量的大小自动分配，并利用于不同能级，顺利地实现了多级梯度开发利用，从而获得较好的热经济效果。

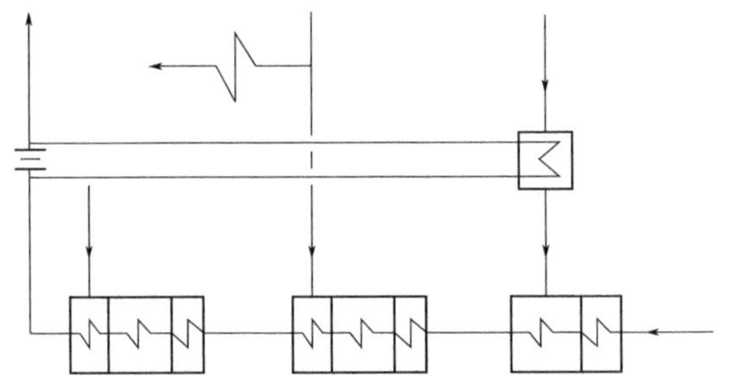

图 4-13 外置串联式蒸汽冷却器示意

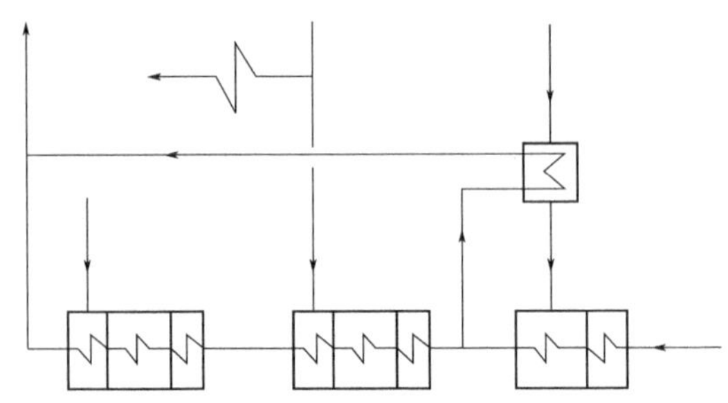

图 4-14 外置并联式蒸汽冷却器示意

串联连接方式使蒸汽冷却器的进水温度高，与蒸汽换热平均温差小，冷却器内㶲损少，效益较显著；由于主水流全部通过冷却器，给水系统的阻力增大，泵功消耗稍多。

采用并联连接方式时进入冷却器的水温较低，换热温差较大，冷却器内㶲损稍大；又由于主水流中分了一部分到冷却器，使进入较高压力加热器的水量减少，相应地回热抽汽量减小，回热抽汽做功减小，热经济性稍逊于串联式。但是这种连接方式给水系统的阻力较小，泵功也可减小。

总之，蒸汽冷却器是提高大容量、高参数机组热经济性的有效措施。进口大型机组多采用内置式蒸汽冷却段，但必须满足以下的条件才认为是合理的。在机组满负荷时，蒸汽的过热度 283℃，抽汽压力 21.034MPa，流动阻力<0.034MPa，加热器端差在－1.7～0℃，冷却段出口蒸汽的过热度 230℃。

4.1.4.3 高压加热器自动保护装置

在高压加热器中给水压力与加热蒸汽压力相差很大，由于制造工艺、检修质量或运行过程中操作不当，常引起加热器给水泄漏、管束破裂事故。为了在高压加热器发生故障时，不致中断锅炉给水或高压水从抽汽管倒流入汽轮机，造成汽轮机水击事故，在高压加热器上设有自动旁路保护装置。电厂高压加热器上采用的保护装置主要有水压液动旁路保护装置和电气旁路保护装置两种，其作用是当高压加热器发生故障或管子破裂时，能迅速地切断进入加热器管束的给水，同时由旁路向锅炉供水。

4.2　给水除氧系统

4.2.1　给水除氧的必要性

在锅炉给水处理工艺过程中，除氧是非常关键的一个环节。氧是锅炉给水系统的主要腐蚀性物质，给水系统中的氧应当迅速得到清除，否则它会腐蚀锅炉的给水系统和部件，腐蚀性物质氧化铁会进入锅炉内，沉积或附着在锅炉管壁和受热面上，形成难溶而传热不良的铁垢；腐蚀的铁垢会造成管道内壁出现点坑，阻力系数增大。管道腐蚀严重时，甚至会发生管道爆炸事故。

随着锅炉蒸汽参数的提高，对给水的品质要求更高，尤其是对给水中溶解氧量的限制更严格。如国家标准 GB/T 12145—2016《火力发电机组及蒸汽动力设备水汽质量标准》中对锅炉给水溶解氧的控制指标为：

① 锅炉过热蒸汽压力为 5.8MPa 及以下，给水溶解氧应小于或等于 15mg/L。

② 锅炉过热蒸汽压力为 5.9MPa 及以上，给水溶解氧应小于或等于 7mg/L。

③ 对亚临界和超临界压力的直流锅炉，要求给水彻底除氧，因为锅炉无排污，且蒸汽溶盐能力强。

除了给水品质对热力设备的安全性、可靠性及经济性造成影响外，水中所有的不凝结性气体还会使传热恶化，热阻增加，降低机组的热经济性。对给水中其他气体、溶解盐、硬度及电导率等有关标准中都有明确的规定，在热电厂设计及运行监督中都应严格执行。

4.2.2 给水除氧方法

给水除氧有化学除氧和物理除氧两种方法。

4.2.2.1 化学除氧

化学除氧是向水中加入化学药剂，使水中溶解氧与它产生化学反应生成无腐蚀性的稳定化合物，达到除氧的目的。该法能彻底除氧，但不能除去其他气体，且价格较贵，还会生成盐类，故在电厂中较少单独采用这种方法。目前在大机组中应用较广的化学除氧法是在给水中加联胺 N_2H_4。它不仅能除氧，而且还可提高给水的 pH 值，同时有钝化钢铜表面的优点。其反应式如下：

$$N_2H_4 + O_2 \longrightarrow N_2 + 2H_2O\text{(除氧)}$$

$$3N_2H_4 \xrightarrow{\text{加热}} N_2\uparrow + 4NH_3\text{(提高 pH 值)}$$

$$NH_3 + H_2O \longrightarrow NH_3 \cdot H_2O$$

它的反应产物 N_2 和 H_2O 对热力系统及设备的运行没有任何害处。另外，在高温水（$T>200$℃）中，N_2H_4 可将 Fe_2O_3 还原为 Fe_3O_4 或 Fe，将 CuO 还原成 Cu_2O 或 Cu。联胺的这些性质可防止锅炉内结铁垢和铜垢。

N_2H_4 的除氧效果受 pH 值、溶液温度及过剩 N_2H_4 量的影响，因此采用联胺除氧应维持以下条件：

① 必须使水保持足够的温度。

② 必须使水维持一定的 pH 值。

③ 必须使水中有足够的过剩联胺。

一般认为采用联胺除氧的合理条件为：150℃以上的温度，pH 值在 9～11 之间的碱性介质和适当的过剩联胺。由于该法价格贵且只能除氧，不能除去其他气体，通常只在其他方法难以除尽残留溶解氧时作为辅助除氧手段来应用。一般将联胺加入点设在除氧器水箱出口水管处。

化学除氧除了加联胺外，还有在中性给水中加气态氧或过氧化氢、联合加氧加氨以及加新型化学除氧剂等，这些化学除氧方法在实践中都有较好的效果。

4.2.2.2 物理除氧

物理除氧是借助物理手段，将水中溶解氧和其他气体除掉，并且在水中无任何残留物质，因此在热电厂中得到了广泛应用。热电厂中应用最普遍的物理除氧法是热力除氧法。其价格便宜，同时除氧器作为回热系统中的一个混合式加热器，可以加热给水，提高给水温度。所以在热力发电厂中，热力除氧法是最主要的除氧方法。

4.2.3　热力除氧原理

热力除氧是在一定压力下将水加热到饱和状态，使水蒸气的分压力几乎等于液面上的全压力，其他气体的分压力则趋于零，于是溶于水中的气体借助不平衡压差的作用就从水中全部溢出而被除去。该原理是建立在亨利定律和道尔顿定律基础上的。亨利定律反映了气体在水中溶解和离析的规律，道尔顿定律则指出了混合气体全压力与各组成气（汽）体分压力之间的关系，它们奠定了用热力除去水中溶解气体的理论基础。

亨利定律指出在一定温度条件下，气体溶于水中和气体自水中逸出是动态过程，当处于动态平衡时，单位体积中溶解的气体量 b 与水面上该气体的分压力 p_b 成正比。其关系式为

$$b = K\frac{p_b}{p_0} \tag{4-2}$$

式中　K——该气体的重量溶解系数，它的大小随气体种类、温度和压力而变，mg/L；

p_b——平衡状态下水面上该气体的分压力，MPa；

p_0——水面上混合气体的全压力，MPa。

当水面上该气体的分压力 p 不等于水中溶解气体所对应的平衡压力 p_b 时，原来的动态平衡被打破。若 $p>p_b$，则水面上的该气体将更多地溶入水中，反之则有更多的该气体自水中逸出，直至新的平衡建立为止。如此，要想除去水中溶解的某种气体，只需将水面上该气体的分压力降为零即可；在不平衡压差（$\Delta p=p_b-p$）的作用下，水中该气体会被完全除掉，这就是物理除氧的基本原理。

道尔顿定律则指出，混合气体的全压力等于各组成气（汽）体分压力之和。对给水而言，混合式加热器（除氧器）中的全压力 p（MPa）等于溶于水中各气体分压力 $\sum p_j$ 与水蒸气压力 p_s 之和，即

$$p=\sum p_j+p_s \tag{4-3}$$

对除氧器中的给水进行定压加热时，给水温度上升，水面上水蒸气的分压力增大，其他气体的分压力相对减小；当其他气体的分压力趋于零时，水中的其他气体全部被除去。因此除氧器实际上也是除气器，不仅除去了氧气，也除去了其他气体。

热力除氧不仅是传热过程，而且还是传质过程，必须同时满足传热和传质两个方面的条件，才能达到热力除氧的目的。传热条件为热力除氧的必要条件，即应该加热到除氧器工作压力下的饱和温度。而传质条件作为热力除氧的充分条件，要求被除氧的水与加热蒸汽应有足够的接触面积，蒸汽与水应逆向流动，确保有较大的不平衡压差（保证气体离析出水面有足够的动力）。

4.2.4 除氧器的类型以及构成

4.2.4.1 除氧器的分类

除氧器一般由除氧塔（除氧头）和给水箱构成。给水除氧主要在除氧塔中进行，而给水箱是凝结水泵和给水泵之间的缓冲容器，一般通过下水管和蒸汽平衡管与卧式除氧器相连。

除氧器有多种分类方法。按工作压力，可分为真空式除氧器（$p_d<0.0588\text{MPa}$）、大气压力式除氧器（$p_d=0.1177\text{MPa}$）和高压除氧器（$p_d>0.343\text{MPa}$）；按除氧头结构，可分为淋水盘式除氧器、喷雾式除氧器等；按除氧头布置形式，可分为立式除氧器和卧式除氧器；按运行方式，可分为定压除氧器和滑压除氧器。

除氧器应根据发电厂的参数、类型（凝汽式电厂或热电厂）和不同水质（给水、主凝结水和补充水）对含氧量的要求以及技术经济比较选择。一般情况下：

① 中低参数电厂采用大气式除氧器。

② 高压及以上凝汽式机组宜采用高压除氧器。

③ 高压及以上供热式机组，在保证给水含氧量合格的条件下，可采用一级高压除氧器。否则，补给水进入凝汽器应采用凝汽器鼓泡除氧装置或另设低压除氧器。

4.2.4.2　真空除氧器

真空除氧器通常不是单独设立的一个设备，而是借助凝汽器的高真空在凝汽器底部两侧加装适当的除氧装置（如淋水盘、溅水板、抽汽口等），利用汽轮机排汽加热凝结水即可除氧，如图 4-15 所示。经过除氧后的凝结水还要经过真空以下的设备和管道，可能漏入空气，所以不能作为唯一的除氧器使用。

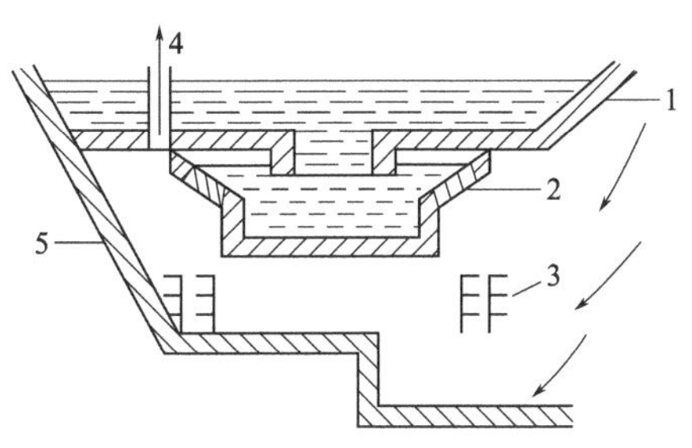

图 4-15　真空除氧器装置
1—集水板；2—淋水盘；3—溅水板；
4—排汽至凝汽器的抽汽口；5—热水井

4.2.4.3　大气压式除氧器

大气压式除氧器（图 4-16）内工作压力较大气压力稍高一些（约 0.118MPa），便于离析出的气体能在该压差作用下自动排出除氧器。由于大气压式除氧器工作压力低，造价低，土建费用也低，因此适宜用作中、低参数发电厂、热电厂补充水及生产返回水的除氧设备。

4.2.4.4　高压除氧器

除氧器工作压力大于 0.343MPa 时称为高压除氧器。它多应用在高参数发电厂中。这是因为采用高压除氧器后，汽轮机相应抽汽口位置随压力增大向前推移，可以减少造价昂贵、运行时条件苛刻的高压加热器台数，并且在高压加热器旁路时，仍然可以使给水有较高的温度，还容易避免除氧器的自生沸腾现象。另外，压力增大后相应的饱和水温度随之增大，会使气体在水中的溶解度降低，对提高除氧效果更有利。

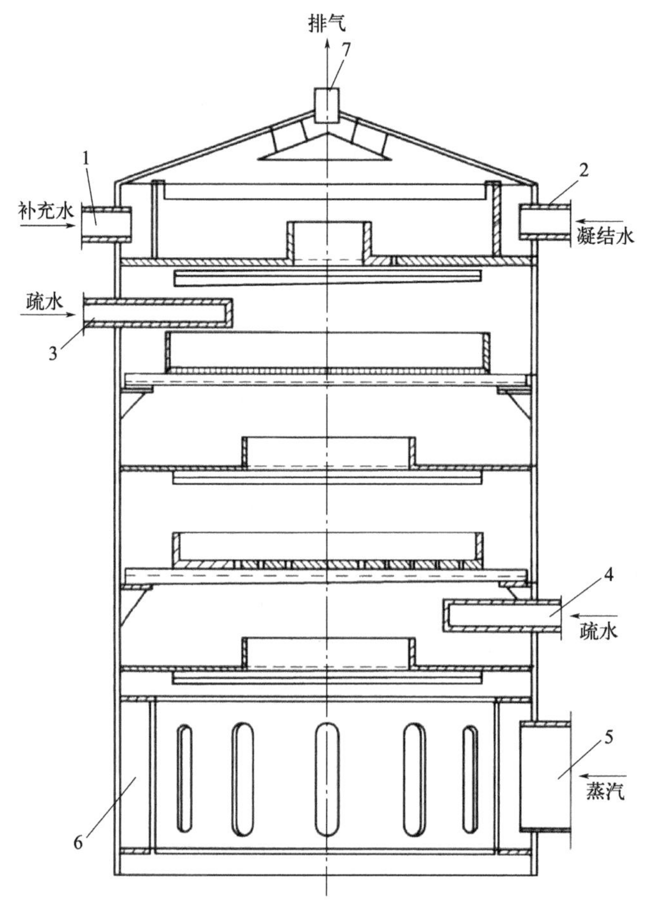

图 4-16　大气压式除氧器装置

1—补充水管；2—凝结水管；3—疏水箱来疏水管；4—高压加热器来疏水管；5—进汽管；6—汽室；7—排气管

4.2.4.5　淋水盘式除氧器

该除氧器主要应用在大气压式除氧器中，一般采用立式。在塔体内沿塔高交叉安装环形与圆形的淋水盘，淋水盘高约 100mm，盘底开有圆孔。补充水、凝结水和疏水分别被引入淋水盘，通过小孔形成表面积较大的细水流，自上而下流动，加热蒸汽从下部进入汽室，自下而上流动与细水流成逆向流动；细水流被加热并除氧，逸出的气体从上部排气管排走，除了氧的水则汇集到给水箱中。这种淋水盘式除氧器对淋水盘的安装要求较高，稍有倾斜或小孔被堵，都会影响除氧效果。它对负荷的适应能力差，现多应用在中参数及以下的电厂。

4.2.4.6　喷雾式除氧器

喷雾式除氧器由两部分组成，上部为喷雾层，由喷嘴将水雾化，除去水中大部分溶解氧及其他气体（初期除氧）；下部为淋水盘或填料层，在该层除去水中残留的气体（深度除氧）。喷雾式除氧器的主要优点是：①强化传热，传热面积大；②能够深度除氧，可使水中氧含量小于 7 μg/L；③能够适应负荷、进水温度的变化。

除氧设备的关键部件是除氧塔头，其结构原理如下：

① 外壳：由筒身和冲压椭圆形封头焊制而成，中、小低压除氧器配有一对法兰连接上下部，供装配和检修时使用，高压除氧器配有供检修的人孔。

② 汽水分离器：该种装置取代了原老式除氧器内草帽锥形式结构设计，使除氧器消除了排汽带水现象。

③ 旋膜器组：由水室、汽室、旋膜管、凝结水接管、补充水接管和一次进汽接管组成。凝结水、化学补水经旋膜器按一定的角度呈螺旋状喷出，形成水膜裙，并与一次加热蒸汽接管引进的加热蒸汽进行热交换，完成一次除氧；给水经过淋水箅子与上升的二次加热蒸汽接触被加热到接近除氧器工作压力下的饱和温度，即低于饱和温度 2～3℃，并进行粗除氧。一般经此旋膜段可除去给水中含氧量的 90%～95%。

④ 淋水箅子：由数层交错排列的角形钢制作而成。经旋膜段粗除氧的给水在这里进行二次分配，呈均匀淋雨状落到装在其下的液汽网上。

⑤ 蓄热填料液汽网：由相互间隔的扁钢带及一个圆筒体（内装一定高度特制的不锈钢丝网）组成。给水在这里与二次蒸汽充分接触，加热到饱和温度并进行深度除氧。低压大气式除氧器低于 10μg/L，高压除氧器低于 5μg/L（部颁标准分别为 15μg/L、7μg/L）。

⑥ 水箱：除过氧的给水汇集到除氧器下部容器，即水箱内。除氧水箱内装有最新科学设计的强力换热再沸腾装置。该装置具有强力换热、迅速提升水温、更深度除氧、减小水箱振动、降低噪声等优点，提高了设备的使用寿命，保证了设备运行的安全可靠性。

4.2.5 除氧器的热平衡及自生沸腾

4.2.5.1 除氧器的热平衡

除氧器实际上就是一个混合式加热器。它可以汇集发电厂各处来的不同参数的蒸汽和疏水，因此也遵循物质平衡和热平衡的规律，即

进入除氧器的物质=离开除氧器的物质

$$\sum D_{\mathrm{in}} = \sum D_{\mathrm{out}} \tag{4-4}$$

进入除氧器的热量=离开除氧器的热量

$$\sum D_{\mathrm{in}} h_{\mathrm{in}} = \sum D_{\mathrm{out}} h_{\mathrm{out}} \tag{4-5}$$

式（4-4）和式（4-5）也可以用相对量来表示。当考虑除氧器的散热损失时，热平衡式中进入除氧器的热量还要乘以除氧器效率 η_{h} 或抽汽焓的利用系数 η'_{h}。进行除氧器的热力计算就是要求算出除氧器加热蒸汽量的多少，并据此判断系统连接是否合理。

4.2.5.2 除氧器的自生沸腾及防止方法

自生沸腾指过量的温度较高的蒸汽和疏水流进除氧器，其汽化产生的蒸汽量已满足加热水到除氧器工作压力下的饱和温度，使进入除氧器的主凝结水不需要回热抽汽加热就能沸腾。自生沸腾会导致回热抽汽管上的止回阀关闭，破坏汽水逆向流动，排汽工质损失加大，热量损失加大，除氧效果恶化，同时威胁除氧器安全。

为了防止除氧器的再生沸腾，可以将排污扩容器来的蒸汽、漏汽或高压加热器疏水等放热物流引至他处；也可设置高压加热器疏水冷却器来降低疏水焓后再引入除氧器。此外，增大除氧器压力既可减少高压加热器数量，又可减少其疏水量。当然，将化学补充水引入除氧器也可起到防止自生沸腾的作用，但会使热经济性受到影响。

4.2.6　除氧器的运行方式及其热经济性评价

4.2.6.1　除氧器的运行方式

除氧器的运行方式有两种，即定压运行和滑压运行。一般来说，100MW 以下的机组用定压运行，100MW 以上的机组除氧器用滑压运行，这是高参数大容量机组提高热经济性的一项重要措施。

定压运行除氧器是除氧器工作压力保持一定值，为此需在进汽管上安装一压力调节阀，将压力较高的回热抽汽降低至定值，造成抽汽节流损失；而且为确保所有工况下除氧器都能在定压下工作，在低负荷时，还必须切换到更高压力的回热抽汽上，节流损失会更大。定压运行除氧器多应用在中小型机组上。

滑压运行除氧器是指在滑压范围内运行时，其压力随主机负荷与抽汽压力的变动而变化（滑压），启动时除氧器保持最低恒定压力，抽汽管上只有一止回阀防止蒸汽倒流入汽轮机，没有压力调节阀及其引起的额外的节流损失。与定压运行除氧器相比，其热经济性要高些，尤其是在低负荷时，更为突出。如图 4-17 所示，横坐标为负荷 P 与额定负荷 P_r 的相对值 P/P_r，纵坐标为滑压

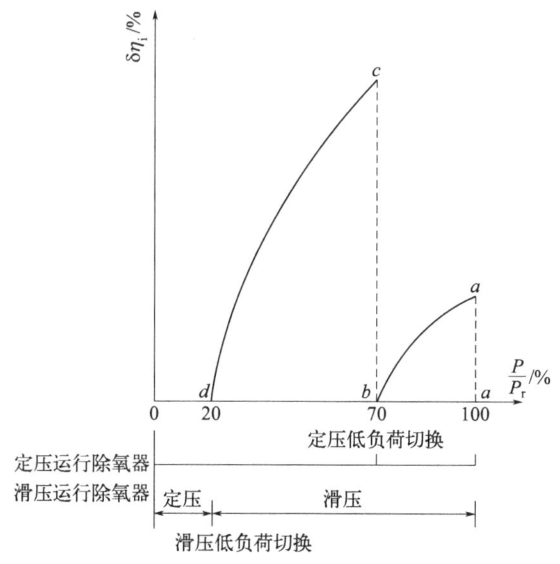

图 4-17　除氧器不同运行方式的热经济性

运行除氧器与定压运行除氧器运行时机组绝对内效率 η_i^v 与 η_i^c 的相对变化 $\delta\eta_i=(\eta_i^v-\eta_i^c)/\eta_i^c$。图中显示在低负荷（70%$P/P_r$）切换抽汽时两者相差最大，与此同时高压加热器组的疏水在除氧器定压运行方式时还要切换到低压加热器，造成系统复杂，操作也复杂，疏水对低压加热器抽汽的排挤作用更强，故热经济性比滑压运行时差。

有关资料表明，对于 100～150MW 中间再热机组采用除氧器滑压运行后，在额定负荷时，可提高机组效率 0.1%～0.15%，而在 70%以下负荷时，可提高效率 0.3%～0.5%。对于超临界压力 600MW 机组，额定负荷时，可降低热耗 9.2kJ/(kW·h)。所以在 GB 50660—2011《大中型火力发电厂设计规范》中规定，中间再热机组的除氧器宜采用滑压运行方式。

除氧器采用滑压运行方式还可使回热加热分配更接近最佳值，因为定压运行除氧器在较高负荷（如 70%负荷）时须切换到更高压力抽汽运行，为避免切换后的损失更大，汽轮机制造厂设计时故意把除氧器中给水焓升取得比其他回热级小很多，从而不能满足最佳回热分配，使机组热经济性降低。滑压运行除氧器则可作为一级独立回热加热器，使回热分配更接近最佳值，机组热效率也较高，使机组更能适应调峰的要求。

除氧器的运行方式不同，其汽源的连接方式也不同。如图 4-18 所示，主要的连接方式有三种，分别是单独连接定压除氧器方式、前置连接压除氧器方式和滑压除氧器方式。

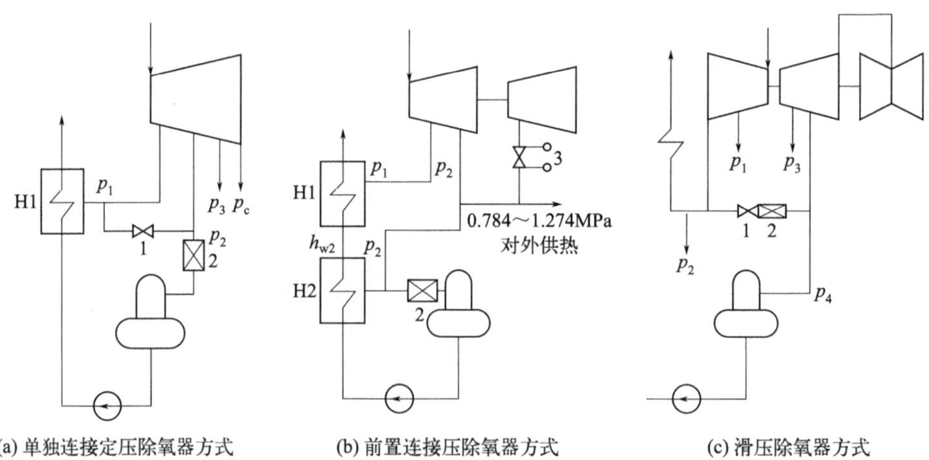

图 4-18　除氧器汽源的连接方式

1—切换阀；2—压力调节阀；3—供热汽轮机回转隔板

单独连接定压除氧器方式常用在中压和高压凝汽式机组上，抽汽管道通常设置有压力调节阀。由于压力调节阀的存在，一方面会造成节流损失增加，降低该级抽汽的能位，使除氧器出口水温未能达到抽汽压力相对应的饱和温度，致使本级抽汽量减少，压力较高的一级抽汽量增加，回热抽汽做功比 X_r 降低，冷源热损失增加，机组 η_i 降低。另一方面，在低负荷（70%～80%稳定负荷）时停用本级抽汽，切换到高一级抽汽，导致回热换热过程不可逆损失增大，使 X_r 减小更多。

前置连接定压除氧器方式是在除氧器出口水前方设置一高压加热器并与除氧器共用同一级回热抽汽，组成一级加热。虽然除氧器抽汽管上仍然受到压力调节阀的影响，但是压力调节阀在此连接方式中仅起流量分配的作用，并不构成对该级出口水温的影响。该级出口水温只与供热机组调整抽汽的压力有关。因此该连接方式的热经济性比单独连接方式高。但它是以增加一台高压加热器的投资、系统复杂为代价，所以只在一些供热机组上采用。

滑压除氧器方式抽汽管道上不设压力调节阀，因此避免了蒸汽的节流损失。除氧器能很好地作为一级回热加热器使用，所以在汽轮机设计指导时，其回热抽汽点能得到合理的布置，使机组的热经济性得到进一步提高。与单独连接方式相比，其关闭本级抽汽的负荷由 70%降到 20%。与前置连接方式相比，其出口水温无端差，所以该连接方式的热经济性是最高的，适合再热机组和调峰机组。

4.2.6.2　机组负荷剧变对滑压运行的影响

除氧器采用滑压运行方式时，除氧器内的压力、水箱水温以及给水泵入口水温均会随机组负荷变化而变化。当机组在额定工况下运行时，滑压除氧器与定压除氧器一样，其出口水温均为饱和水温。当机组负荷变化剧烈时，会对除氧效果和给水泵的安全运行带来不利影响。

（1）负荷骤升

负荷骤升时，除氧器压力能够很快上升，然而水箱中的水由热惯性导致水温变化滞后于压力的变化，水由原饱和状态变为未饱和状态，这时水面上已离析出的气体又重新返回水中，发生“反氧”现象，使除氧器出口的含氧量增大，恶化除氧效果。而此时处于除氧器压力下的给水泵却因压力的上升、水温的滞后运行更安全。因此在负荷骤升时，首要解决的是除氧效果。可采取的措施有：①控制负荷骤升速度，一般在每分钟 5%负荷内就可确保除氧效果。②在给水箱内加装再沸腾管。当机组负荷骤升，给水箱内水温滞后于压力变化时，将加热蒸汽通入再沸腾管中，直接对水箱的水进行加热，使水温的变化迅速跟上压力的变化，除氧效果可得到很大改善（如内置式无头除氧器）。③对滑压范围加以适当的压缩。滑压范围过大，水温滞后情况更甚，改善除氧效果的努力将花费更长的时间。

（2）负荷骤降

出于对汽轮机等主辅设备安全性的考虑，实际运行中负荷骤升的可能性很小，而负荷骤降的可能性则经常发生。负荷骤降时，随着除氧器压力的下降，除氧水箱内的水由饱和状态变为过饱和状态而发生“闪蒸”现象，除氧效果由于水的再沸腾而更好，水温也因此下降，但此时与水箱下水管相连的给水泵入口处水温并没有立即跟着下降；而给水泵入口的压力却随着除氧器压力骤降而下降，当给水泵入口水温所对应的汽化压力大于给水泵内最低压力时，汽蚀就将发生，它会严重地影响给水泵的安全运行。可采取的措施一般为设置备用汽源。

4.2.6.3 给水泵汽蚀对滑压运行的影响

给水泵汽蚀现象是当液体在管道内流至某处，其压力等于或小于液体温度对应的汽化压力时，该处会产生汽化。汽蚀现象的发生会导致管道材料因机械剥蚀和化学腐蚀而遭到破坏，并产生振动和噪声。

泵在运行中是否发生汽蚀是由有效汽蚀余量和必需汽蚀余量两者之间的差值决定的。有效汽蚀余量（有效净正吸水头）$NPSH_a$ 是指在泵吸入口，单位重量液体所具有的超过汽化压力的富余能量，即液体所具有的避免在泵内发生汽化的能量，它的大小只与吸入系统的情况有关。必需汽蚀余量（必需净正吸水头）$NPSH_r$ 是反映泵本身汽蚀性能好坏的一个参数，与泵的结构、转速和流量有关。$NPSH_r$ 越小，泵本身汽蚀性能越好（越不易汽蚀），它不仅随转速增大而增大，还随流量的增加而增大。

4.3 热电厂的工质损失及补充

在热电厂的生产过程中，总是有蒸汽和凝结水损失。其不仅影响热电厂的经济性，也影响热电厂的安全运行。汽水损失伴随着能量损失，环境污染（噪声、脏、热）及工质的补充。若只计工质损失带来的热量损失量，则损失新蒸汽1%，热电厂的热效率就降低1%左右。补充水量过大或补充水质较差时，会使汽包锅炉的排污量增大或造成锅炉受热面结垢超温烧毁或汽轮机通流部分积盐，使机组出力降低，轴向推力增大，甚至造成事故。

4.3.1　汽水损失的原因及数量

按工质损失在电厂中的部位不同，可分为内部损失和外部损失。热电厂内设备用管道系统中的蒸汽和凝结水损失、锅炉排污的工质损失称为内部损失；厂外供热设备及其热网系统管道中的蒸汽和凝结水损失称为外部损失。

内部损失主要来自以下几个方面：

① 主机和辅机的自用蒸汽消耗，如锅炉受热面的蒸汽吹灰、重油加热用汽及重油喷燃器的雾化用汽、汽轮机启动抽汽器的用汽、汽动给水泵、汽动油泵以及汽封外漏蒸汽等都是收不回来的。

② 热力设备、管道及其附件的连接不严密而造成的汽水漏泄。

③ 热力设备在检修和停运时的放水、放汽。

④ 经常性和暂时性的汽水损失，如锅炉连排、定期排污、开口水箱蒸发、除氧器的排汽、锅炉安全门动作、化学监督所需的汽水取样等。

⑤ 热力设备启动时用汽或排汽，如锅炉启动时的排汽，主蒸汽管道和汽轮机启动时的暖管、暖机等。

热电厂内部损失的大小既反映出热电厂热力设备及其管路制造、安装的质量，又标志着热电厂设计和运行管理技术水平的高低。我国《电力工业技术管理法规》规定，200MW 以上机组，正常工况时的内部损失应低于锅炉最大连续蒸发量的 1.0%；100～200MW 机组应低于 1.5%；100MW 以下机组应低于 2.0%。

热电厂除有内部损失外，还有外部损失。外部损失主要取决于对外供热方式、热用户的生产工艺过程、工质回收率以及是否被污染等。其数值变化范围很大，可为对外供汽量的 20%～100%。当回收率太低时，通过技术经济比较可考虑采用间接供汽方式。

4.3.2　减少汽水损失的措施

为了减少热电厂的汽水损失，提高热经济性，通常采用以下几种措施：

① 提高安装及检修质量，消除管道及设备的漏汽漏水现象，管道、附件与热力设备的连接尽量用焊接代替法兰连接。

② 完善工质的回收及利用系统，如锅炉连续排污水的回收利用，采用启动旁路系统，门杆及轴封漏汽的利用，完善疏放水系统等。

③ 改进工艺过程，如重油系统改用重柴油，将蒸汽吹灰改为压缩空气、排污水吹灰等。

④ 减少主机和辅机的启动和停机次数，以减少启、停中的汽水损失，单元机组采用滑参数启、停等。

⑤ 对不能回收供热凝结水的热电厂，可通过技术经济比较，采用蒸汽发生器的闭式供热系统对外供热。

4.3.3 汽水损失的补充方法

热电厂即使采用了一些降低汽水损失的合理措施，也不可能将汽水损失降低到零，总会有一定的汽水损失存在。为补充热电厂的汽水损失而补入热力系统的水，称为补充水。为保证热电厂蒸汽的品质及热力设备安全运行，对热电厂补充水的质量提出了极为严格的要求。为此补充水必须经过一定的处理。处理方法一般有化学处理和热处理两种。这两种方法的选择主要取决于生水品质、蒸汽初参数、锅炉的结构形式、汽水损失的数量以及投资、运行费用等，要通过技术经济比较确定。但由于化学处理技术水平的提高，热处理方法目前已经很少采用了。

未经处理的补充水称为生水。一般先用生水泵将生水送入生水预热器内利用 0.18MPa 的蒸汽对其加热，然后再送入化学水处理车间。经化学处理后的补充水简称“软化水”。简单的化学处理是借助一系列化学反应，除去生水中的钙、镁等硬度盐类，使之成为软化水，能满足中参数电厂水质的要求，以避免硬垢的生成。采用阴阳离子交换树脂的化学除盐处理，可以除去水中的硅盐、钠盐等；化学除盐水品质接近汽轮机的凝结水，能满足高参数、超临界直流锅炉的高质量补充水要求。

热处理是利用蒸发器或扩容蒸发器的蒸馏水作为补充水，其质量仅低于汽轮机凝结水。为防止蒸发器结垢和腐蚀，蒸发器的给水仍要预先经过软化处理和除氧。

随着科学技术的发展，离子交换树脂成本降低，化学深度除盐水日趋便宜，因此化学水处理法被广泛应用。而蒸发器设备因设备庞大、系统复杂，所以只在极特殊情况下，如生水质量特别差，需要的化学水处理方式特别复杂时，才有可能采用加热处理法。

4.3.4 化学补充水的热力系统

生水在送入化学水处理车间之前，一般需要加热到一定温度。化学补充水进入锅炉前仍需除氧、加热和进行流量调节。为方便实现这些要求，应使化学补充水与机组回热系统的主凝结水流汇合。从热经济性角度分析该连接系统应注意两点：第一，化学补充水与主水汇合时，应尽可能使两个水流混合温差最小，以使其不可逆损失最小；第二，在利用回热抽汽加热时，应使回热抽汽循环的做功最大，即尽量利用低压抽汽实现对给水和补充水的多级加热。为使补充水量调节方便，一般将化学补充水引入除氧器或凝汽器，以利用它们的水箱或水室水位来控制补水流量。显然引入凝汽器的热经济性较高。热电厂由于补水量较大，一般应专设大气式补充水除氧器。按上述连接的原则，除过氧的补充水汇入主水流的地点应在与它采用同级回热抽汽的回热加热器之后。

4.3.5 蒸发设备补充水及其热力系统

4.3.5.1 蒸发设备的类型

用加热法来制造蒸馏水作为热电厂补充水的设备称为蒸发设备，包括生产洁净蒸汽的设备（蒸发器）及冷凝该蒸汽的冷却设备（蒸发冷却器）。一般的热电厂蒸发器是表面式换热器。它是利用汽轮机的回热抽汽作为加热汽源。除过氧的软化水进入蒸发器里被加热蒸发，产生的蒸汽称为二次蒸汽，二次蒸汽在蒸发器里经过汽水分离和清洗再送去蒸发冷却器凝结为蒸馏水。为保证二次蒸汽品质，蒸发器要进行连续排污，妨碍换热的不凝结气体要不断地从蒸发器里抽出。

根据工作原理的不同，蒸发器分为沸腾式蒸发器和扩容式蒸发器两种。我国热电厂用过的主要是沸腾式蒸发器（简称蒸发器），根据布置方式分为立式和卧式两种。

4.3.5.2 蒸发器热力系统

蒸发器的一次蒸汽来自汽轮机回热抽汽。经济合理的一次蒸汽和二次蒸汽间的饱和温度差一般为 15～20℃；二次蒸汽的压力一般比大气压力稍高，既可防止空气漏入，又不用真空泵，还可利用与大气的压差进行排污。二次蒸汽的凝结可以在专用的冷却器中进行，也可利用回热加热器来进行。凝结地点不同，对热电厂的热经济性和投资有不同的影响。在高参数的凝汽式热电厂中，采用专设的蒸发器冷却器。该冷却器与一次蒸汽所供给的回热加热器及蒸发器组成了一级回热，若忽略蒸发设备的散热损失，即其连续排污损失，这种连接系统的热经济性就和没有蒸发设备完全一样了。

采用多级蒸发器系统往往不是出于热经济性的原因，而是为了生产较多的蒸馏水。因为汽轮机主凝结水量及其在每级回热加热器中的吸热量都是一定的，所以采用单级蒸发器时，主凝结水所能凝结的二次蒸汽量也是一定的，为锅炉给水量的 5%～10%。补充水量大而又需采用蒸发器的热电厂，就可采用多级蒸发器。但是多级蒸发器每增加一级所多得的水量却是递减的，每级约为前级的 91%。由于级数增加后系统复杂，设备庞大、占地多，金属耗量大和费用高，一般多级系统只采用 2～3 级蒸发器。

多级蒸发器是将第一级蒸发器的二次蒸汽作为第二级蒸发器的加热汽源，第二级蒸发器产生的更低压力的二次蒸汽作为第三级蒸发器的加热汽源，以此类推。

最近在国外热电厂中有采用扩容式蒸发器的。它是将具有一定压力的热水喷入压力较低的扩容器内，扩容降压会产生部分蒸汽，将这部分蒸汽引到冷却器内凝结成蒸馏水；而扩容器内未被蒸发的水具有一定的过热度，将其引入压力更低的扩容器内，再次扩容蒸发又产生另一部分压力更低的二次蒸汽。如此多次扩容蒸发，最后一个冷却器所汇集的蒸馏水即用作锅炉给水。扩容式蒸发器的主要优点为：能充分利用机组的低压抽汽加热，热经济性高，不易结垢。所以国内外多将其用于海水的淡化，并且国外已开始用于热电厂，但国内用于热电厂还处于初期试验阶段。

4.4 认识热力发电厂原则性热力系统

4.4.1 热电厂“热力系统”的概念及分类

对于热力系统并不陌生，此前章节已经介绍过回热加热系统、热电厂的供热系统等，这些都是热力系统。据此我们大致可以得出热力系统的一般定义：按照热力循环的顺序用管道和附件将热力设备连接起来的一个有机整体。

热电厂热力系统是热电厂实现热功转换这一核心功能中热力部分的工艺系

统。它通过热力管道及阀门将各主、辅热力设备有机地联系了起来，以在各种工况下能安全、经济、连续地将燃料的能量转换成机械能，最终转变为电能。

按照范围划分，热电厂热力系统可分为局部和全厂两类。①局部系统：又可分为主要热力设备（如汽轮机本体、锅炉本体等）的系统和各种局部功能系统（如主蒸汽系统、给水系统、主凝结水系统、回热系统、对外供热系统、抽空气系统和冷却水系统）；②全厂系统：以汽轮机回热系统为核心，由锅炉、汽轮机和其他所有局部热力系统组合而成。

按用途或目的划分，热电厂热力系统可分为原则性热力系统和全面性热力系统两类。①原则性热力系统：一种原理性图，目的是反映某一特定工况下系统的热力特征，不含有反映其他工况的设备及管线，以及所有与目的无关的阀门。②全面性热力系统：实际热力系统的反映，它包括不同运行工况下的所有系统，以反映该系统的安全可靠性、经济性和灵活性。因此，全面性热力系统图是施工和运行的主要依据。

综上，引出了热电厂原则性热力系统的初步概念。它是将锅炉、汽轮机以及相关的辅助设备作为整体的，反映某一特定工况下系统热力特征的全厂性热力设备组合。

4.4.2　热力系统与原则性热力系统、全面性热力系统的联系与区别

按照前述热力系统的概念，热电厂中的回热加热系统肯定是一个热力系统。然而通常回热加热系统只局限在汽轮机组的范围内，而热电厂热力系统则在回热加热系统的基础上将范围扩大到了全厂。因此，热电厂热力系统实际上就是在回热加热系统的基础上增加了一些辅助热力系统，如锅炉连续排污系统、补充水系统。热电厂热力系统的大致包含关系如图 4-19 所示。由此，热电厂的原则性热力系统、全面性热力系统肯定属于热电厂热力系统，因为热电厂原则性、全面性热力系统是热电厂热力系统按照使用目的不同的分类。

无论是热力系统、热电厂热力系统，还是热电厂原则性热力系统、热电厂全面性热力系统，我们都不可能实地拿着实物设备进行热力分析等工作，而当我们用规定的符号来表示热力设备及它们之间的连接关系时就构成了相应的热力系统图。热电厂原则性热力系统是一种热力系统图，是以规定的符号表明工质在完成热力循环时必须流经的各主要设备之间的联络线路和图。

热电厂的原则性热力系统说明了整个电厂运行时的热力循环特征，它直接

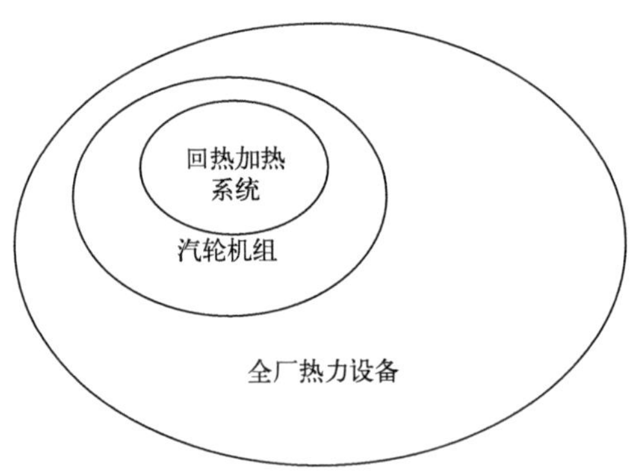

图 4-19　热电厂热力系统大致关系图

决定热电厂的运行热经济性，在很大程度上决定热电厂的工作可靠性。原则性热力系统表明工质的能量转换及其热量利用过程，它反映了热电厂能量转换过程的技术完善程度和热经济性。因此，可以通过热电厂原则性热力系统计算出热电厂热经济性指标。有时又将热电厂原则性热力系统称为“计算热力系统”。简捷、清晰是原则性热力系统的特点，即突出了其名字中的“原则”二字。在原则性热力系统中，只表示工质流过时发生压力和温度变化的各种必需的热力设备，每种同类型、同参数的设备在原则性热力系统图上只表示一次，设备之间只表明主要联系，备用设备、管路、附件一般均不加以表明。

热电厂的原则性热力系统主要由锅炉、汽轮机及凝汽设备的连接系统，给水回热系统，给水除氧系统，电厂汽水损失及补充水系统，对外供热系统（如有）组成。

热电厂的全面性热力系统是在原则性热力系统的基础上充分考虑热电厂生产所必需的连续性、安全性、可靠性和灵活性后组成的实际热力系统。所以热电厂中所有的热力设备、管道及附件，包括主、辅设备，主管道及旁路管道，正常运行与事故备用的，机组启动、停机、保护及低负荷切换运行的管路、管制件都应该在热电厂全面性热力系统图上反映出来。这是与原则性热力系统在画法上的根本区别。该系统图可以汇总主辅热力设备、各类管子（不同管材、不同公称压力、管径和壁厚）及其附件的数量和规格，提出供订货用清单。根据该系统图可以进行主厂房布置和各类管道系统的施工设计，是热电厂设计施工和运行工作中非常重要的指导性设计文件。总之，热电厂全面性热力系统对发电厂设计而言，会影响到投资和各种钢材的消耗量；对施工而言，会影响施工工作量和施工周期；对运行而言，会影响到热力系统运行调度的灵活性、可靠性和经济性；对检修而言，会影响到各种切换的可能性及备用设备投入的可能性。

热电厂全面性热力系统无论是从内容上还是数量上都要比原则性热力系统多而且复杂。为了既清晰又不过于复杂，通常对属于热力系统本身的有机组成部分（如锅炉本体的汽水管道、汽轮机本体的疏水管道、给水泵轴密封水等）和一些次要的管道（如工业水系统等），不予表示；对某些辅助系统（如热力辅助设备的空气管道系统、锅炉定期排污系统等）予以适当简化，另行绘制这些局部系统的全面性热力系统。

热电厂全面性热力系统一般由下列局部系统组成：主蒸汽和再热蒸汽系统、旁路系统、回热加热（回热抽汽及疏水）系统、给水系统、除氧系统、主凝结水系统、补充水系统、锅炉排污系统、供热系统、厂内循环水系统和锅炉启动系统等。

通过对热电厂热力系统、热电厂的原则性热力系统、全面性热力系统三者联系与区别的分析，我们可以进一步优化热电厂原则性热力系统的概念：主要为了计算出热电厂热经济性指标，“原则性”地按简捷、清晰的方式，在某一特定工况下以规定的符号表明工质在完成热力循环时必须流经的各主要设备（锅炉、汽轮机以及相关的辅助设备、对外供热系统）及其之间的联络线路的全厂性热力系统。别名：“计算热力系统”，其实质是热力设备模型化并参考热力过程的有序组合，表观是热电厂原则性热力系统图。

第5章 热力发电厂全面性热力系统

5.1 主蒸汽系统

主蒸汽系统的功能是把锅炉产生的蒸汽送到各用汽点。该系统包括从锅炉过热器出口联箱至汽轮机进口主汽阀的主蒸汽管道、阀门、疏水装置及通往用新汽设备的蒸汽支管。对于装有中间再热式机组的热电厂，还包括从汽轮机高压缸排汽至锅炉再热器进口联箱的再热冷段管道、阀门及从再热器出口联箱至汽轮机中压缸进口阀门的再热热段管道、阀门。

热电厂主蒸汽系统具有输送工质流量大、参数高、管道长且要求金属材料质量高的特点，它是热电厂公称压力最高的管道系统，对热电厂运行的安全、可靠、经济性影响很大，所以对主蒸汽的基本要求是系统简单、安全、可靠性好、运行调度灵活、投资少，便于维修、安装和扩建。

选择主蒸汽系统时，要按照 GB 50660—2011《大中型火力发电厂设计规范》中的规定，并根据电厂的类型、机组的形式和参数，经过综合经济比较后确定。

5.1.1 主蒸汽系统的类型与选择

主蒸汽系统设计应力求简单，工作安全、可靠，安装、维修、运行方便灵活，同时留有扩建余地；在发生事故需要切除管路时，其对发电量及供热量的影响应最小。热电厂常用的主蒸汽系统有以下几种类型。

5.1.1.1 单母管制系统（集中母管制系统）

单母管制系统（又称集中母管制系统）的特点是热电厂所有锅炉的蒸汽

先引至一根蒸汽母管集中，再由该母管引至汽轮机和各用汽处，如图 5-1 所示。

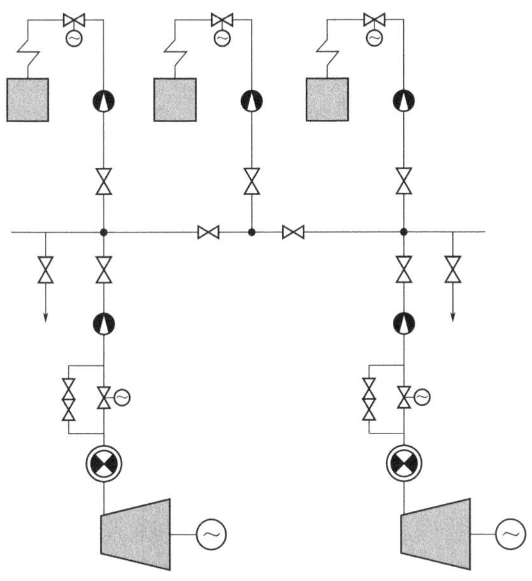

图 5-1　单母管制系统

为保证系统安全可靠，一般将母管分段。分段阀门为两个串联的切断阀，以确保隔离，并便于分段阀门的检修。正常运行时，分段阀门处于开启状态，单母管处于运行状态。出现事故或分段检修时关闭分段阀门，使事故或检修段停止运行，而相邻的一段可以正常运行。

该系统的优点是系统比较简单、布置方便，但运行调度不够灵活，缺乏机动性。当任一锅炉或与母管相连的任一阀门发生事故，或单母管分段检修时，与该母管相连的设备都要停止运行。因此，这种系统通常用于全厂锅炉和汽轮机的运行参数相同、台数不匹配，而热负荷又必须确保可靠供应的热电厂以及单机容量 6MW 以下的电厂。

5.1.1.2　切换母管制系统

切换母管制系统如图 5-2 所示，每台锅炉和相应的汽轮机组成一个单元，单元之间用母管连接起来。每一单元与母管相连处装有切换阀门，当某单元锅炉发生事故或检修时，可通过这个切换阀门由母管引来相邻锅炉的蒸汽，使该单元的汽轮机继续运行，而不影响从母管引出的其他用汽设备。这种系统中，每个单元制系统与切换主蒸汽母管相连处装有多个切换阀门，汽轮发电机组可以按单元制系统运行，亦可以按切换母管制系统运行。

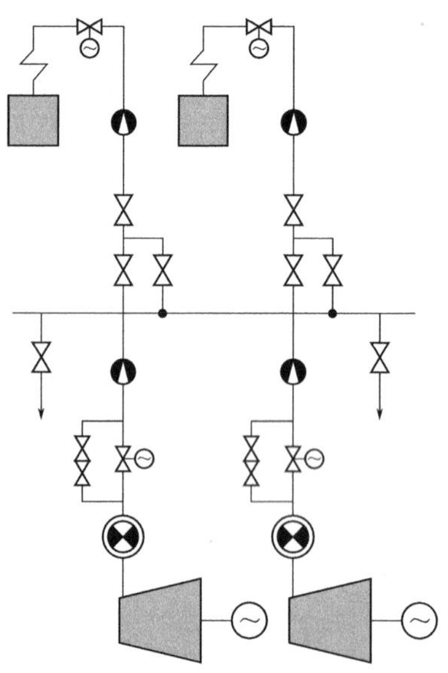

图 5-2　切换母管制系统

该系统的优点是既有足够的可靠性，又有一定的灵活性，并可以充分利用锅炉的富裕容量，还可以进行各炉之间最有利的负荷分配。该系统的不足之处在于系统较复杂，阀门多，发生事故的可能性较大；管道长，金属耗量大，投资高。切换母管制系统常用于高压供热式机组的热电厂和中、小型热电厂中。

5.1.1.3　单元制系统

单元制系统的特点是每台锅炉与相应的汽轮机组成一个独立单元，各单元间无母管横向联系，单元内各用汽设备的新蒸汽支管均引自机炉之间的主蒸汽管道，如图 5-3 所示。

这种系统的优点是系统简单、管道短、阀门少（引进型 300MW、600MW 有的取消了主汽阀前的电动隔离阀），故能节省大量高级耐热合金钢；事故仅限于本单元内，全厂安全可靠性较高；控制系统按单元设计制造，运行操作少，易于实现集中控制；工质压力损失少，散热小，热经济性较高；维护工作量少，费用低；无母管，便于布置，主厂房土建费用少。其缺点是单元之间不能切换，单元内任一与主汽管相连的主要设备或附件发生事故，都将导致整个单元系统停止运行，缺乏灵活调度和负荷经济分配的条件；负荷变动时对锅炉

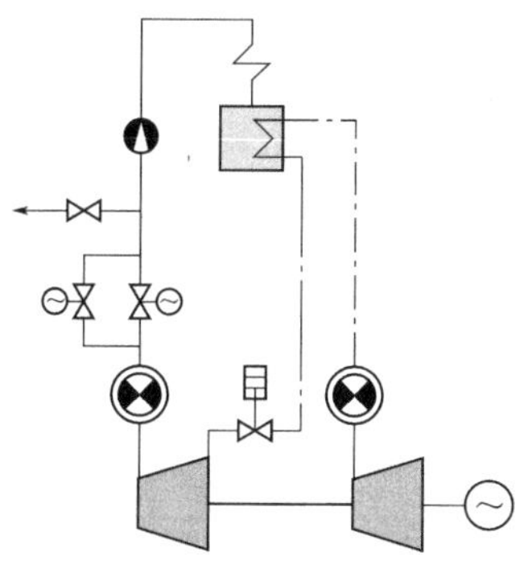

图 5-3　单元制系统

燃烧的调整要求高；机炉必须同时检修，相互制约。因此，单元制系统一般应用在高压凝汽式机组的热电厂、中间再热凝汽式机组或中间再热供热式机组的热电厂。

5.1.2　主蒸汽系统设计时应注意的问题

因生产大口径无缝钢管困难，并且要节约进口钢管资金，国产机组热电厂中主蒸汽管道多采用双管系统，于是在两管中出现汽温偏差和压损问题。为提高热经济性，保证安全性，必须将汽温偏差和压损控制在允许范围内。

5.1.2.1　温度偏差及其对策

当机组容量增加时，炉口宽度增加，烟气流量和温度分布不均匀，导致两侧蒸汽温度的变化较大，因此需要对管路进行调温。国际电工协会规定，最大允许汽温偏差持久性为 15℃，瞬时性为 42℃。由于主蒸汽和再热蒸汽都是双侧进汽，再热蒸汽主要以单管、双管和混合管系统为主，也有少量的四管及其混合管系统。

所谓单管系统，即蒸汽通过一根管道输送至设备的进口处，因此蒸汽流量大，管道内径也大。如某 600MW 机组主蒸汽采用单管系统，其管道规格为 ϕ659mm×109.3mm，而再热冷段蒸汽采用单管系统，其管道变为 ϕ1117.6mm×27.8mm。双管系统则是蒸汽通过两根并列的管道输送，每根管道通过的蒸汽流量仅为原来的 1/2。如 600MW 机组采用双管系统时，主蒸汽管道为两根 ϕ615.57mm×92.57mm 的管道，而再热冷段蒸汽管为两根

ϕ762mm×15.8mm 的管道。

采用单管系统混温有利于满足汽轮机两侧进口蒸汽温差的要求，且有利于降低压降，减小汽缸的温差应力、轴封摩擦等，这样就需要主蒸汽和热再热蒸汽管系采用 Y 形三通或 45°斜接三通。如图 5-4（c）所示为意大利进口 320MW 机组主蒸汽系统采用 2-1-2 布置方式，即锅炉过热器出口两侧先各引出一根主蒸汽管，经锻钢 Y 形三通汇合为一根管道，在高压缸主汽阀前再由单管分为双管与两侧主汽阀连接。通常单管长度应为直径的 10～120 倍，才能达到充分混合减小温度偏差的目的。图 5-4（c）中单管长度为直径的 20 倍。图 5-4（d）中单管长度为直径的 13 倍。大机组中很少有采用纯粹单管系统的。

采用双管系统则可避免大直径的主蒸汽管和再热蒸汽管，尤其是某些需要进口的大口径耐热合金钢管，价格昂贵，采用双管具有明显优势，可较大幅度降低管道的总投资。双管系统在布置时能适应高、中压缸双侧进汽的需要，在管道的支吊及应力分析中也比单管系统易于处理。但双管系统中温度偏差较大(有的主蒸汽温度偏差达 30～50℃，再热汽温偏差更大)，将使汽缸等高温部件受热不匀，导致变形。为此，往往在高、中压缸自动主汽阀前设置一中间联络管，以减少双管间的压差和温差。如国产 200MW 机组及法国进口 300MW 机组［图 5-4（a）和（d）］的中间联络管分别为 ϕ133mm × 17mm 和 ϕ250mm×25mm。

大多数情况采用混合管系统，如图 5-4（b）～（d）所示。图 5-4（b）为日本进口 250MW 机组的蒸汽系统，采用 1-2 的布置方式，即主蒸汽和热再热蒸汽为单管，进入高、中压主汽阀前由单管分叉为双管。高、中压主汽阀后均设有四根导汽管，分别导入高、中压缸；而冷再热蒸汽管为 2-1-2 布置方式。

5.1.2.2 主蒸汽及再热蒸汽压损及管径优化

主蒸汽、再热蒸汽压损增大，将会降低机组的热经济性，多耗燃料。蒸汽压损与管径和管道附件有直接的关系。所以 GB 50660—2011 明确提出，对于一台新设计的汽轮机组，其主蒸汽、再热蒸汽等管道的管径及管路根数，应经优化计算确定。管径优化计算包括管子壁厚计算、压降计算和费用计算三部分。总费用等于材料投资费用和运行费用之和。以总费用最小的管径为最经济管径。实际管径还要考虑系统的允许压力降、管系应力状况和管子供

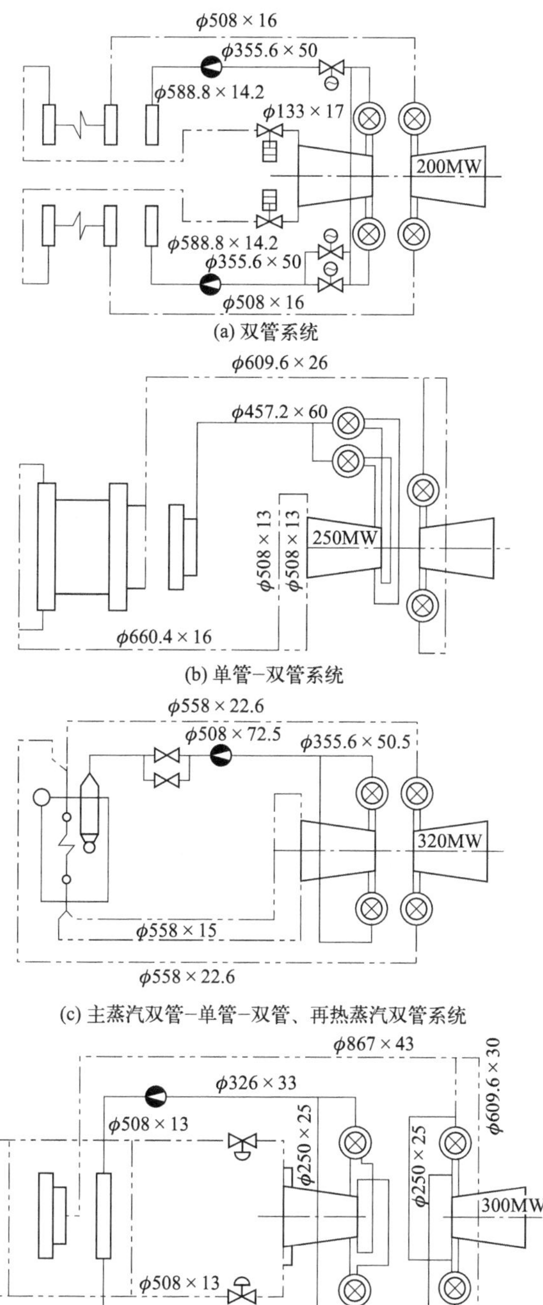

(a) 双管系统

(b) 单管-双管系统

(c) 主蒸汽双管-单管-双管、再热蒸汽双管系统

(d) 主蒸汽双管、再热蒸汽双管-单管-双管系统

图 5-4　再热式机组的主蒸汽、再热蒸汽系统

热等情况的影响。对于再热蒸汽管道，除要考虑以上因素外，还要注意到冷、热再热蒸汽管道之间的压降分配比例。热再热蒸汽管为合金钢管，冷再热蒸汽管通常为碳钢管，因此热再热蒸汽管的压降大于冷再热蒸汽管的压降较为合理。

除了管道及管路根数外，降低压损的措施还有尽可能地减小管道中的局部阻力损失。如汽轮机自动主汽阀的严密性能够保证时，可取消主汽管上的电动隔离阀；主蒸汽流量的测量由孔板改为喷嘴，甚至不设置流量测量节流元件。此外，在冷再热管道上取消止回阀也可减少压损。

5.2 再热式机组的旁路系统

5.2.1 旁路机组及其作用

由于现代大容量火力发电机组采用了单元机组和中间再热，因此在下列运行过程中，其锅炉和汽轮机间的运行工况必须有良好的协调：锅炉和汽轮机的启动过程、锅炉和汽轮机的停用过程、汽轮机故障时锅炉工况的调整过程。为使再热机组适应这些特殊要求，具有良好的负荷适应性，再热机组都设置了与汽轮机汽缸并联的管道，高参数的蒸汽可以不进入汽轮机汽缸做功，而是经过与汽轮机汽缸并联的管道减温减压后进入压力较低的管道或凝汽器。这个系统称为再热机组的旁路系统。再热机组的旁路系统是蒸汽中间再热单元机组热力系统的重要组成系统，可以理解为“可取代汽轮机而作为蒸汽通道的一个系统”。它是由旁路阀、旁路管道、暖管设施以及相应的控制装置和必要的隔声设施组成的。

旁路系统通常分为三种类型：高压旁路又称Ⅰ级旁路，即新蒸汽绕过汽轮机高压缸直接进入再热冷段管道；低压旁路又称Ⅱ级旁路，即再热后的蒸汽绕过汽轮机中、低压缸直接进入凝汽器；新蒸汽绕过整个汽轮机而直接排入凝汽器的则称为整机旁路或Ⅲ级旁路、大旁路。

旁路系统具有以下作用：

（1）改善启动条件，加快启动速度，延长机组寿命

汽轮机的启动过程是蒸汽向汽缸和转子传递热量的复杂热交换过程，为确保启动过程的安全可靠，要严密监视各处温度和严格控制温升率，使动静部分胀差和振动在允许的范围内。汽轮机启动方式不同，要求也有差别。《电力工

业技术管理法规》中规定，如汽轮机制造厂无规定时，以高压缸第一级金属温度为依据，200℃以下时为冷态启动，200～370℃时为温态启动，370℃以上为热态启动，冲转时的主蒸汽温度最少要有50℃的过热度。温态、热态启动时应保证高、中压调速汽门后的蒸汽温度高于汽轮机最热部分温度50℃。双层缸的内、外缸温差应不大于30～40℃，双层缸的上、下缸温差应不超过35℃。

单元机组普遍采用了滑参数启动方式。为适应汽轮机启动过程在不同阶段（暖管、冲转、暖机、升速、带负荷）对蒸汽参数的要求，锅炉应不断地调整汽压、汽温和蒸汽流量。单纯调整锅炉燃烧或运行压力很难达到上述要求。采用旁路系统可改善启动条件，尤其是在机组热态启动时，利用旁路系统，能很快地提高新蒸汽和再热蒸汽的温度，缩短启动时间，延长汽轮机寿命。对于大容量机组，当发电机负荷减少、解列或只担负厂用电负荷以及汽轮机甩负荷时，旁路系统能在几秒钟内完全打开，使锅炉逐渐调整负荷，并保持在最低燃烧负荷下运行，而不必停炉；在故障消除后可快速恢复发电，从而减少停机时间和锅炉的启、停次数，大大缩短了单元机组的重新启动时间，有利于系统稳定。

（2）保护锅炉再热器

目前国内外的再热机组多采用烟气再热方式，即再热器布置在锅炉烟道内。机组正常运行时，汽轮机高压缸排汽进入再热器，可以提高蒸汽温度，同时再热器也可以得到充分冷却。但在机组启动或甩负荷，高压缸无排汽或排汽量较少时，再热器因无蒸汽流过或流量较少，处于无蒸汽冷却的“干烧”状态，如果再热器的材质为一般耐热钢材料，就会有超温烧坏的危险。设置旁路系统，使蒸汽通过旁路流入再热器，可达到冷却再热器的目的，并对其进行保护。

（3）回收工质和热量，降低噪声

燃煤锅炉不投油稳定燃烧的最低负荷约为30%锅炉额定蒸发量，而汽轮机的空载汽耗量仅为其额定汽耗量的5%～7%，单元式再热机组在启、停过程中或事故甩负荷时，锅炉的蒸发量总是大于汽轮机的汽耗量，即存在大量剩余蒸汽。如将多余的蒸汽直接排入大气，不仅损失工质，而且会对环境产生很大的噪声污染。设置旁路系统就可以将多余的蒸汽回收到凝汽器中，达到回收工质和降低噪声的目的。

（4）防止锅炉超压

旁路系统的设计通常有两种准则：兼带安全功能和不兼带安全功能。兼带安全功能的旁路系统是指高压旁路的容量为100% BMCR（锅炉最大连续蒸发量)，并兼带锅炉过热器出口的弹簧式安全阀和动力释放阀功能，即我国所称的三用阀。因低压旁路的容量受凝汽器限制仅为65% BMCR左右，所以在再热器出口还必须装有附加释放功能的安全阀和有监视器的安全阀。

总之，蒸汽中间再热机组的旁路系统是单元制机组启停或事故工况时一种重要的调节和保护系统。

5.2.2 旁路系统的类型

再热机组的旁路系统都是由前述三种旁路类型中的一种或几种组合而成的。国内采用的旁路系统主要有如下几种形式：

(1) 整机旁路系统（一级旁路系统）

整机旁路系统又称为一级大旁路系统。如图5-5所示，锅炉来的新蒸汽绕过汽轮机的高、中、低压缸，经一级大旁路减温减压后排入凝汽器中。这种系统有以下特点：①结构简单，操作简便，投资最少；②可用来简单调节过热蒸汽温度，但机组滑参数启动时（特别是机组在热态启动时），不能调节再热蒸汽温度；③通常应用于再热器不需要保护的机组上，即再热器采用了耐高温材料，且布置在低温烟气区，允许短时间干烧；④这种旁路系统不适用调峰机组。

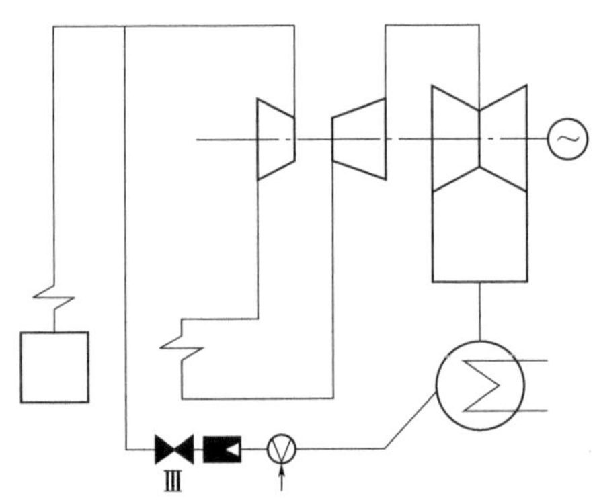

图5-5 整机旁路系统

(2) 两级串联旁路系统

两级串联旁路系统如图5-6所示，由高压旁路和低压旁路组成。这种系统阀门少、系统简单、功能齐全、应用广泛。其具体运行过程如下：由锅炉来的新蒸汽绕过汽轮机高压缸，经高压旁路减压减温后进入锅炉再热器。由再热器出来的再热蒸汽绕过汽轮机的中、低压缸，经低压旁路减压减温后排入凝汽器。经低压旁路减压减温后的蒸汽，在进入凝汽器之前，压力和温度仍很高，为保证凝汽器的安全经济运行，在凝汽器颈部装有膨胀扩容式减压减温装置。所以，两级串联旁路系统，实际上是三级减压减温。

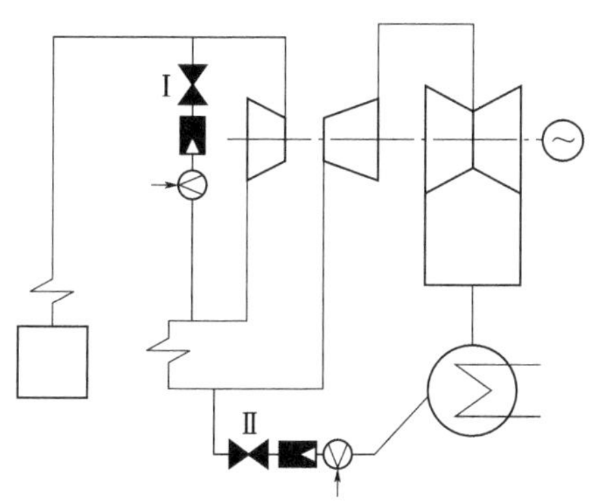

图 5-6　两级串联旁路系统

（3）两级并联旁路系统

图 5-7 为两级并联旁路系统。它是由高压旁路和整机大旁路并联组成的旁路系统。高压旁路容量设计为锅炉额定蒸发量的 10%～17%，主要用于保护锅炉再热器，只有在再热器可能超温时才开启，机组热态启动时也可用它向空排汽来提高再热汽温。整机旁路设计容量设计为锅炉额定蒸发量的 20%～30%，其目的是将各种运行工况（启动、电网甩负荷或事故）多余蒸汽排入凝汽器，锅炉超压时可减少安全阀动作或不动作。整机旁路的作用是：在机组启、停或甩负荷时，将多余的蒸汽排入凝汽器；当锅炉超压时，起到安全阀的

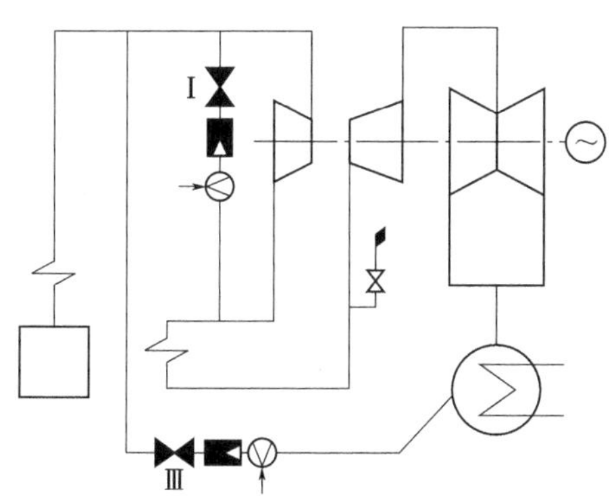

图 5-7　两级并联旁路系统

作用，以减少安全阀的动作次数。我国生产的 300MW 机组曾采用过这种形式。

（4）三级旁路系统

如图 5-8 所示，三级旁路系统由高压旁路、低压旁路和整机旁路（一级大旁路或称Ⅲ级旁路）组成。该系统的优点是能适应各种工况的调节，运行灵活性高，突降负荷或甩负荷时，能将大量的蒸汽迅速排往凝汽器，以免锅炉超压，安全阀动作；缺点是设备多，系统复杂，金属耗量大，布置困难，操作运行较复杂。所以目前已很少采用三级旁路系统。

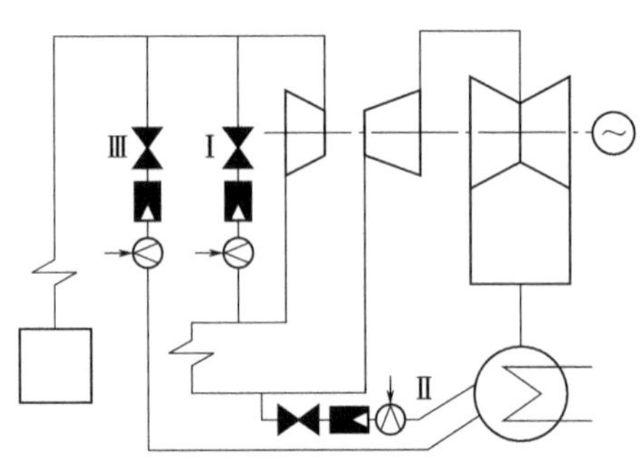

图 5-8　三级旁路系统

另外，除上述介绍的四种旁路系统外，还有所谓的三用阀旁路系统。这种旁路系统实际上是由高、低压旁路组成的两级串联旁路系统，其容量大，高压旁路的容量为 100％，低压旁路的容量一般为 60％～70％。因此，该旁路系统具有启动调节功能、截止功能和安全阀功能。

5.3　回热抽汽及其疏水管道系统

回热抽汽系统是指从汽轮机的抽汽口到各加热器之间的系统，它是热电厂热力系统中最主要的部分之一。该系统包括抽汽管道和管道上的阀门以及阀门前后的疏水管道、疏水阀门。

5.3.1　回热抽汽隔离阀和止回阀

汽轮机甩负荷或跳闸时，抽汽管道中积聚的蒸汽会倒流进入汽轮机本体，或者当汽轮机低负荷运行、某加热器水位太高、加热器水管泄漏破裂、疏水管道不畅时，水可能也会倒流进入汽轮机本体，这些问题都会导致汽轮机发生意外事故，都是不允许的。为了将某一加热器在出现事故时隔离并且又不影响汽轮机的运行，需要在抽汽管道上设置隔离阀和止回阀等。

通常除了回热抽汽压力最低的一二级管道外，其余管道都设置电动隔离阀和气动控制止回阀。止回阀和隔离阀均应尽量地靠近汽轮机回热抽汽口布置，以减少抽汽管道上可能储存的蒸汽能量。对于 300MW 以上的机组，由于除氧器汽化能量大，为加强保护，在与除氧器连接的抽汽管道上均增设一个止回阀。另外，在每一根与抽汽管道相连的外部蒸汽管道上也装设了止回阀和隔离阀。

如图 5-9 所示，在抽汽隔离阀和止回阀上下游设置了接到疏水联箱的疏水管路，其疏水阀为气动控制。此外，在抽汽隔离阀与止回阀之间还有一根疏水、排汽管路，在停机或需要对阀门进行检修时，打开手动疏水隔离阀即可将该管段内的积水排尽。第 7、8 段抽汽管路直接从抽汽口接至加热器进口，不设任何阀门。每根抽汽管上都应装有吸收管道热膨胀量的膨胀节。

回热抽汽止回阀通常采用压缩空气控制的翻板式止回阀。抽汽翻板式止回阀如图 5-10 所示。图中 1 为阀体，2 为阀盖，3 为阀盘，4 为阀盘臂，5 为汽缸活塞，6 为弹簧，7 为密封圈。阀盘的一端吊挂在阀体的转轴上，介质依靠阀盘两边的压力差将阀盘绕转轴顶开；正向流过，反之则自动关闭。该止回阀强制关闭装置控制原理如图 5-10（b）所示。操作机构由电磁三通阀、试验阀及空气筒组成。正常运行时，压缩空气可通过继动阀直达空气筒下部，将活塞杆顶上，带动强关机构与止回阀转轴啮合片脱开。此时止回阀作为一只自由摆动的翻板阀工作。当汽轮机的危急保安系统动作导致继动阀动作，或加热器出现警戒水位电磁阀动作时，压缩空气来源被切断，空气筒里的活塞杆在弹簧力作用下向下移，带动强关机构将止回阀转轴压制在使阀盘关闭的位置，达到强迫切断汽流通道的目的。机组正常运行时可手动操作试验阀，泄去活塞筒下部的压缩空气，观察止回阀阀位的变化情况，以检查强关装置的动作是否可靠。

5.3.2 回热加热抽汽的疏水管道系统

回热加热抽汽的疏水管道系统由疏水调节阀、截止阀、疏水冷却器、疏水泵、真空阀及其管道等组成。

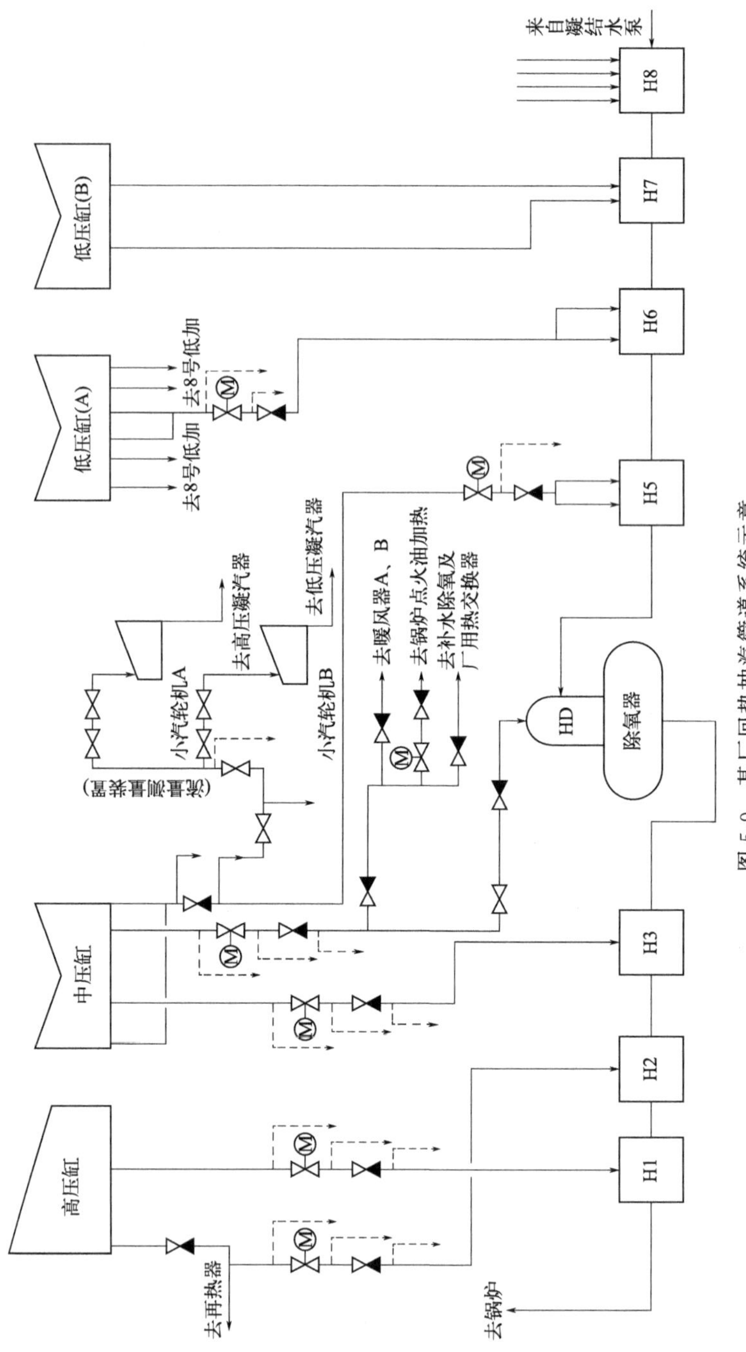

图 5-9　某厂回热抽汽管道系统示意

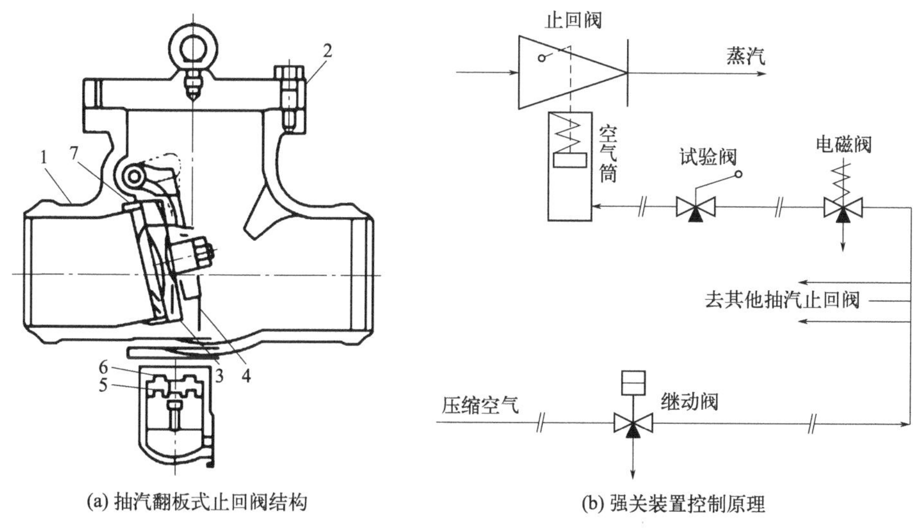

(a) 抽汽翻板式止回阀结构　　(b) 强关装置控制原理

图 5-10　回热抽汽止回阀结构及控制原理示意

如图 5-11 所示为国产 N200MW 机组的回热抽汽疏水管道系统示意图。正常运行时，高压加热器 GJ3 的疏水经疏水调节阀疏水至 GJ2，GJ2 的疏水则经疏水冷却器、疏水调节阀疏水至 GJ1，而 GJ1 的疏水又经疏水调节阀疏水至除氧器；低压加热器 DJ4 的疏水经疏水调节阀自流至 DJ3，DJ3 的疏水则经疏水调节阀自流至 DJ2，DJ2 的疏水则用疏水泵经疏水调节阀打至其出口凝结水器道，DJ1 的疏水也是用疏水泵经疏水调节阀打入其出口凝结水管道。

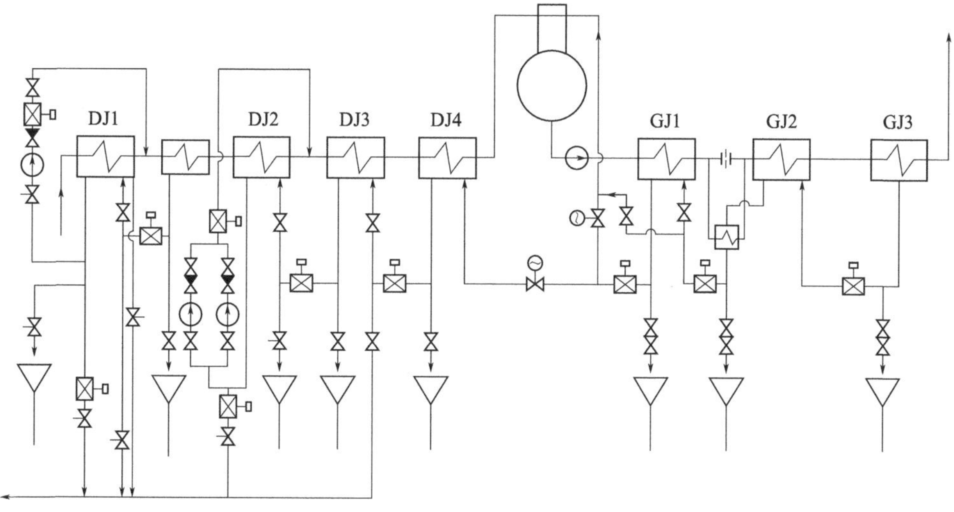

图 5-11　国产 N200MW 机组的回热抽汽疏水管道系统

当启动或设备发生故障（如疏水调节阀失灵）时，因三个高压加热器都设有直排地沟疏水支管，将疏水直接排入地沟。当机组低负荷时，因高压加热器疏水至除氧器自流压差不够，可由电控切换阀将疏水切换排至低压加热器 DJ4。

因 DJ2 汇集疏水量大，若继续自流排至 DJ1，疏水放热可能替代八级抽汽，DJ1 失去回热工作地位。为此，低压加热器的疏水是用疏水泵（并列两台，互为备用）经疏水调节阀打至其出口凝结水管道。

因 DJ1 失去后级疏水放热，加热抽汽增多，疏水量大，为提高其回热经济性，其疏水也是用疏水泵经疏水调节阀打入其出口凝结水管道。

因为疏水泵工作条件恶劣，DJ2 和 DJ1 都设有经疏水调节阀、真空阀至热水井的备用疏水管道用于疏水泵故障时。各低压加热器也分别有经截止阀和真空阀将疏水排至地沟的管道。DJ4、轴封蒸汽冷却器、DJ2、DJ1 还设有经截止阀和真空阀等至热水井的事故备用疏水管道，用于低压加热器发生凝结水泄漏、疏水严重不畅或疏水水位猛涨时。该疏水管道系统，在 DJ1 至 DJ2 间的疏水管道中设有真空截止阀（防止空气漏入系统而采用的一种由凝结水作密封介质的特殊截止阀）。

5.4 主凝结水管道系统及设备

从凝汽器热水井经凝结水泵、射汽式抽气器冷却器、轴封蒸汽冷却器及低压加热器到除氧器的全部管道系统称为主凝结水管道系统。该系统可以对凝结水进行加热、除氧、化学处理和除杂质。此外，凝结水系统还向各有关用户提供水源，如有关设备的密封水、减温器的减温水、各有关系统的补给水以及汽轮机低压缸喷水等。

主凝结水管道系统包括汽平衡管、水封真空阀、出口逆止阀、凝结水再循环管、加热器的旁路、凝结水泵和支管道。图 5-12 为 N50-90/535 型机组主凝结水、疏水管道系统。

汽平衡管：汽平衡管与凝汽器相连，一般接在凝结泵入口处，其作用是维持凝结泵入口处真空与凝汽器内真空一致。

水封真空阀和出口逆止阀：水封真空阀装设在每台水泵的入口侧，目的是防止空气漏入真空系统；出口逆止阀的作用是防止备用凝结水泵倒转。

凝结水再循环管：凝结水再循环管设置在一号低压加热器前，通向凝汽

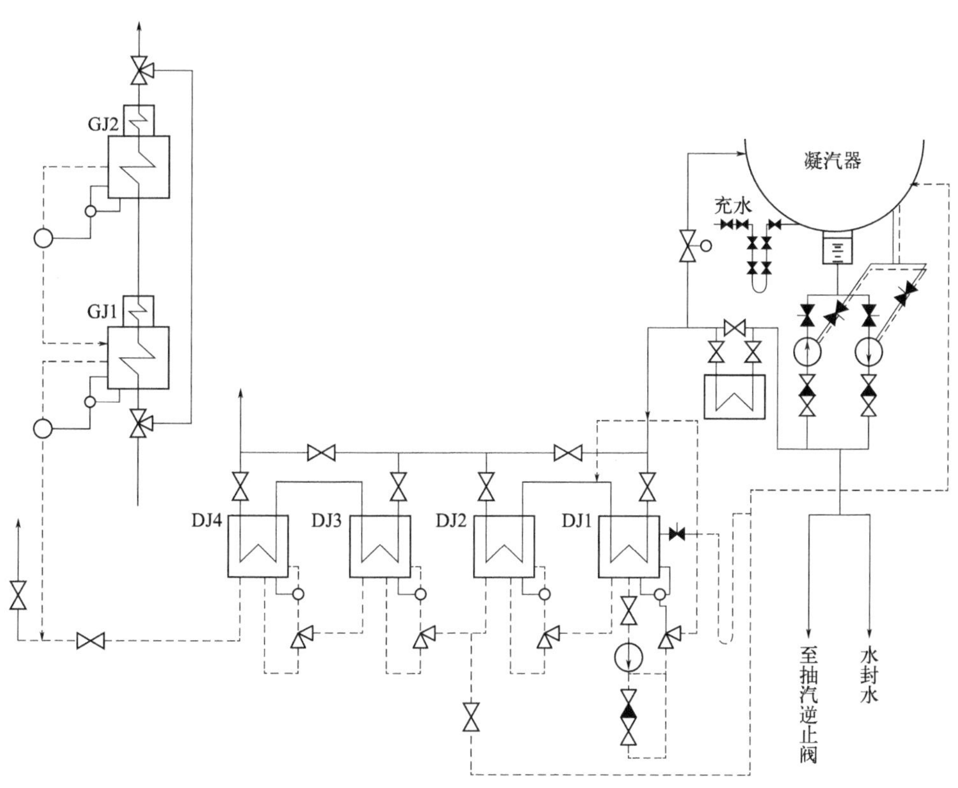

图 5-12　N50-90/535 型机组主凝结水、疏水管道系统

器。其作用是在机组启动或低负荷运行时，保持凝结水泵流量大于水泵的最小允许流量，维持一定的热井水位以保证水泵入口不发生汽化，同时还应保证轴封冷却器和射汽式抽汽器冷却器有足够的冷却用水。

加热器的旁路：加热器应设置主凝结水的旁路，以免某台加热器发生故障停用时而中断凝结水的输送。每台加热器设一个旁路时称为小旁路；两个以上加热器共设一个旁路时称为大旁路。

凝结水泵：在主凝结水系统中，一般设两台凝结水泵，一台运行，一台备用。运行泵故障时能自动切换。

支管道：凝结水泵出口的压力水还要供给真空系统真空阀水封用水、水压逆止阀控制水、低压缸减温水、再热机组Ⅱ级旁路减温水等，因此需要设置支管道。

5.5 除氧器全面性热力系统

5.5.1 除氧器的安全运行

为了保证除氧器安全运行，需要对以下三个参数进行监督：

（1）溶解氧

防止锅炉氧腐蚀最有效的方法就是加强锅炉给水的除氧，使给水中的含氧量达到水质标准的要求。除氧器溶解氧标准数值指：对于额定压力小于5.83MPa的锅炉，给水溶解氧的合格标准是＜15μg/L，对于额定压力大于5.88MPa的高压锅炉和亚临界锅炉，给水溶解氧的合格标准是＜7μg/L，超临界及以上压力的锅炉给水溶解氧要求＜5μg/L。目前热电厂中一般通过取样来监视给水含氧量。

（2）压力

除氧器必须加热给水至除氧器压力下的饱和温度，才能达到稳定的除氧效果。定压运行除氧器运行中必须保持压力稳定，通过蒸汽压力调节阀实现自动调节。滑压运行除氧器的工作压力随负荷增加而升高，负荷达到额定值时其工作压力达到最大值。《电站压力式除氧器安全技术规定》中提到，当除氧器工作压力降至不能维持除氧器额定工作压力时，应自动开启高一级抽汽电动隔离阀；当除氧器压力升高至额定工作压力的1.2倍时，应自动关闭加热蒸汽压力调节阀前的电动隔离阀；当除氧器工作压力升高至额定工作压力的1.25～1.3倍时，安全阀应动作；当除氧器工作压力升高至额定工作压力的1.5倍时（此时一般是切换到高一级抽汽运行），应自动关闭高一级抽汽切换蒸汽电动隔离阀。

（3）水位

除氧器水箱的正常水位应在水箱中心处，允许上下偏离50mm左右。如果水位过低会使给水泵入口富裕静压头降低，影响给水泵安全工作；如果水位过高会使给水经汽轮机抽汽管倒流至汽轮机引起水击事故或给水箱满水、除氧器振动、排气带水等。因此，应设水箱水位自动调节器和水箱高、低水位报警装置及保护。

口逆止阀上装有给水泵再循环管，启动和低负荷时将给水再循环至给水箱。为保证除氧器和给水箱工作安全，在除氧器和给水箱上方两侧各装一只安全阀。

5.6 给水管道系统

给水管道系统是从除氧器给水箱下降管入口到锅炉省煤器进口之间的管道、阀门和附件的总称。该系统由低压供水和高压供水两部分组成，在给水泵入口前为低压供水，在给水泵出口后为高压供水。

给水系统输送的工质流量大、压力高，对发电厂的安全、经济、灵活运行至关重要。给水系统事故会使锅炉给水中断，造成紧急停炉或降负荷运行，严重时会威胁锅炉的安全，甚至使其长期不能运行。因此对给水系统的要求是，在热电厂任何运行方式和发生任何事故的情况下，都能保证不间断地向锅炉供水。

给水系统类型的选择与机组的类型、容量和主蒸汽系统的类型有关。其主要有以下几种类型：

5.6.1 单母管制给水系统

单母管制给水系统如图 5-15 所示。它设有三根单母管，即给水泵入口侧的低压吸水母管、给水泵出口侧的压力母管和锅炉给水母管。其中低压吸水母管和压力母管采用单母管分段，锅炉给水母管采用的是切换母管。

这种给水系统的特点是安全可靠性高，具有一定的灵活性，但系统复杂、耗钢材、阀门较多、投资大。高压供热式机组的发电厂应采用单母管制给水系统。

5.6.2 切换母管制给水系统

图 5-16 为切换母管制给水系统，低压吸水母管采用单母管分段，压力母管和锅炉给水母管均采用切换母管。

当汽轮机、锅炉和给水泵的容量相匹配时，可作单元运行，必要时可通过切换阀门交叉运行，因此切换母管制给水系统的特点是有足够的可靠性和运行

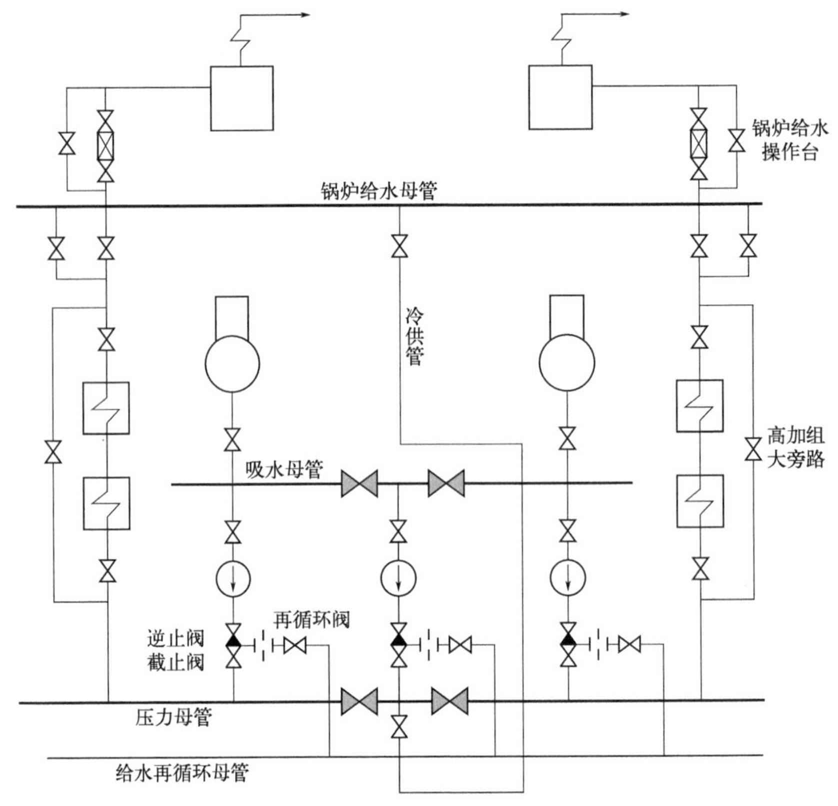

图 5-15　单母管制给水系统

的灵活性。同时，因有母管和切换阀门，其投资大，钢材、阀门耗量也相当大。

5.6.3　单元制给水系统

图 5-17 为单元制给水系统。其优点为系统简单、管路短、阀门少、投资省、方便机炉集中控制、便于管理维护。当给水泵采用无节流损失的变速调节时，单元制给水管道系统的优越性更为突出。但是当单元中主要设备故障时，该系统就可能被迫停止运行，运行灵活性差。

装有高压凝汽式机组、中间再热凝汽式机组或中间再热供热式机组的热电厂，主蒸汽管道采用的是单元制系统，这时锅炉给水母管就失去了作用，给水管道也必须要采用单元制系统。

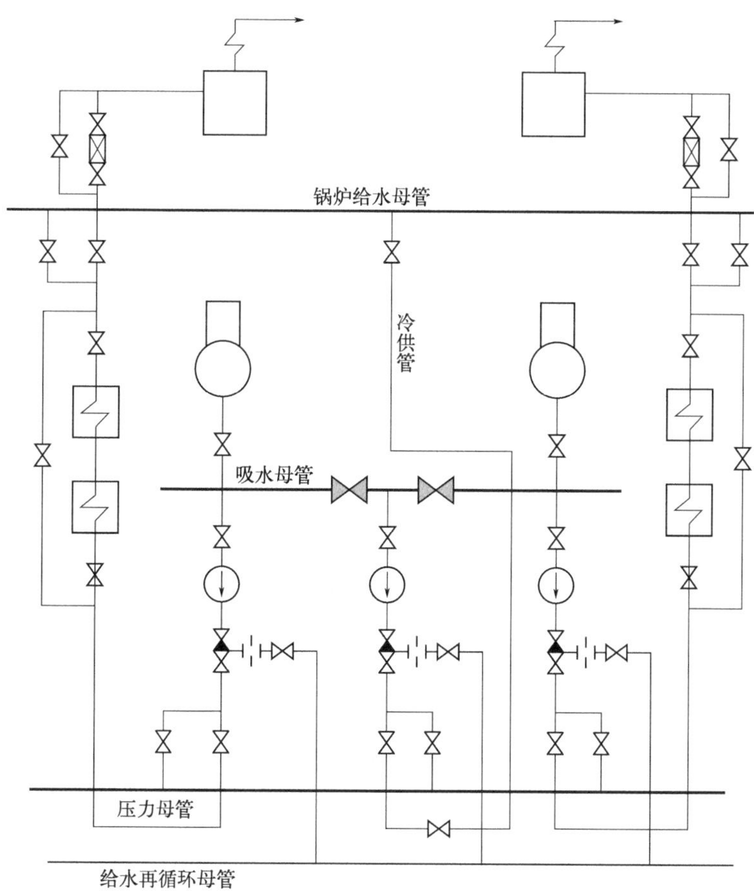

图 5-16　切换母管制给水系统

5.7　热电厂的疏放水系统

在热电厂中，用来收集和疏泄全厂疏水、溢水和放水的管路系统及设备，称为热电厂的疏放水系统。

5.7.1　疏放水来源及疏水的重要性

热电厂疏水的主要来源有：冷态蒸汽管路的暖管疏水，蒸汽长期滞在某管

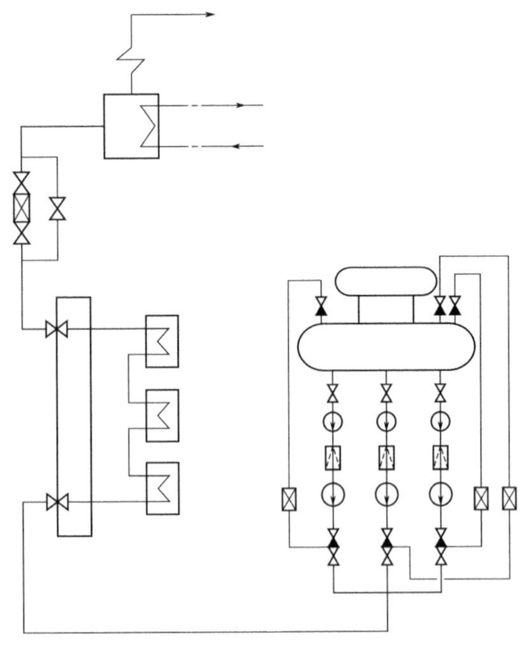

图 5-17　单元制给水系统

段或附件中的积水，蒸汽经过较冷的管段或部件的凝结水，蒸汽带水或减温减压器喷水过量等。

溢放水来源主要有：锅炉的溢放水、除氧器给水箱的溢放水、余汽冷却器的凝结水、设备检修时排出的合格凝结水等。

疏放水系统不但影响热电厂的热经济性，也威胁设备的安全和可靠运行。在热电厂运行过程中，将蒸汽管道中的凝结水及时排出是非常重要的，若蒸汽管道中聚集了凝结水，蒸汽和水的比体积不同、流速不同会引起管道发生水冲击，轻则使管道、设备发生振动，重则会使管道破裂，设备损坏。水一旦进入汽轮机，还会损坏叶片造成严重事故，导致被迫停机。

5.7.2　疏水系统及其组成

热电厂的疏水系统由锅炉、汽轮机本体疏水和蒸汽管道疏水两部分组成。因机组启动暖机时各疏水点压力不同，应分别引入压力不同的疏水母管中，再接至设置在凝汽器附近的1～2个疏水扩容器。疏水扩容器的汽、水侧分别与凝汽器汽、水侧相连。

如图 5-18 所示，汽轮机本体疏水系统包括汽轮机本体疏水扩容器和高压加热器危急疏水扩容器各一台，均为立式，位于凝汽器旁。其中汽轮机本体疏水扩容器收集主蒸汽管、再热蒸汽管、抽汽管的疏水和汽轮机本体疏水。汽轮机本体疏水包括高中压缸主汽门疏水、高中压缸外缸疏水、轴封系统疏水等。高压加热器危急疏水扩容器收集三台高压加热器危急疏水、除氧器的溢放水、小汽轮机的大部分疏水和凝结水泵出口的减温水。疏水扩容器汽侧通往汽轮机排汽管，水侧连至凝汽器热井。

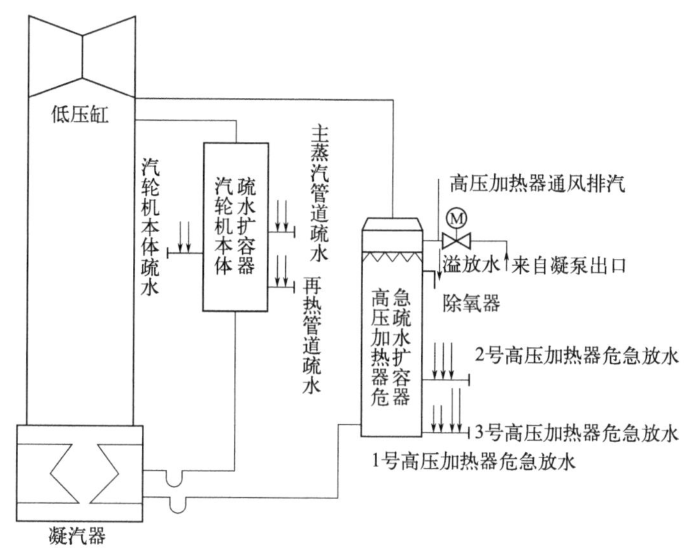

图 5-18　汽轮机本体疏水系统

如图 5-19 所示，蒸汽管道疏水按管道投入运行时间和运行工况可分为三种方式。

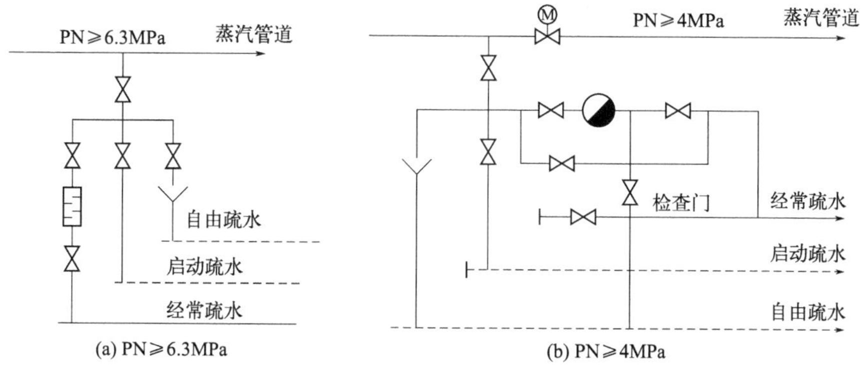

图 5-19　蒸汽管道疏水的三种方式

① 自由疏水（又称放水）：机组启动暖管前将管道内的凝结水先放出，这时管内没有蒸汽，是在大气压力下经漏斗排出来的，其目的是方便监视。

② 启动疏水（又称暂时疏水）：启动过程中排出暖管时的凝结水。这时管内有一定的蒸汽压力，疏水量大。

③ 经常疏水：在蒸汽管道正常工作压力下进行，为防止蒸汽外漏，疏水经疏水器排出，同时设有旁路保证疏水器故障时疏水能正常进行。

5.7.3 疏放水系统及其组成

热电厂疏放水系统主要由疏水器、疏水扩容器、疏水箱、疏水泵、低位水箱、低位水泵及其连接管道、阀门和附件组成。典型的疏放水系统如图 5-20 所示。

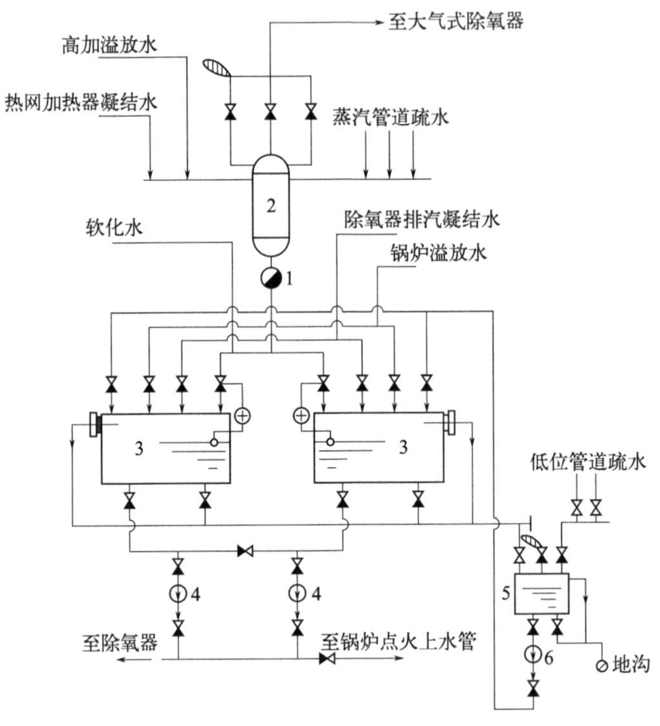

图 5-20　热电厂典型的疏放水系统

1—疏水扩容器；2—疏水器；3—疏水箱；4—疏水泵；5—低位水箱；6—低位水泵

疏水器起疏水阻汽作用。疏水扩容器是汇集热电厂各处来的压力和温度不同的疏水、溢水、放水，在此降压扩容，分离出来的蒸汽通常是引入除氧器的汽平衡管，回收热量，扩容后的水以及压力低的疏放水均送往疏水箱。疏水箱用于收集全厂热力设备和管道的疏水、溢水和放水，一般全厂设两个疏水箱，并配两台疏水泵。通常疏水箱及疏水泵布置在主厂房固定端底层。疏水泵能将疏水箱中的水定期或不定期地送到除氧器中，当锅炉不设启动专用水箱时，也可通过疏水泵向汽包上水。低于大气压力的疏水，或低处设备、管道的疏、溢放水，疏往低位水箱，然后由低位水泵送至疏水箱中。低位水箱和低位水泵通常布置在 0m 以下特挖的坑内。

对中间再热机组或主蒸汽采用单元制系统的高压凝汽式热电厂，通常采用滑参数启动，机组启动疏水绝大部分经汽轮机本体疏水扩容器予以回收，所以疏水量很少，且疏水箱中的水质差，不能回收。因此，对中间再热机组或主蒸汽采用单元制系统的高压凝汽式热电厂，可不设全厂性疏水箱和疏水泵，而以汽轮机本体疏水系统和锅炉排污扩容器来替代全厂的疏放水系统。

第6章
新能源热力发电系统

6.1 太阳能热发电系统

太阳能热发电系统有广义和狭义之说。广义太阳能热发电系统指利用太阳能转化为热能，而后经过能量转化再将热能转化为电能的系统。狭义太阳能热发电系统指利用太阳能通过聚光方式产生热能并赋予工质，由工质直接或者经过换热后传递给汽轮机带动发电机发电的系统。广义太阳能热发电包含狭义太阳能热发电的概念，除了狭义部分之外，还包含太阳能热气流发电（太阳能烟囱发电）、太阳池热发电、（太阳能）海水温差发电、太阳能热水力发电（类似太阳能水泵原理）、太阳能热土壤发电、太阳能碱金属热电转换发电、太阳能热离子、太阳能半导体温差发电等。狭义的太阳能热发电按照太阳能加热的工质是否进入汽轮机可分为直接式和间接式，按照聚光器的类型又可分为槽式、塔式、碟式、菲涅尔式等，见图 6-1。本节只介绍狭义的太阳能热发电系统，若无特别说明均指狭义太阳能热发电系统［聚光型太阳能热发电系统(concentrating solar power，CSP)］，广义太阳能热发电系统中的其他发电形式请参阅相关文献及其他参考资料。

6.1.1 太阳能热发电系统基本构成

典型的太阳能热发电系统如图 6-2 所示，由聚光子系统、集热子系统（也有将上述两者合并为一个“聚光集热子系统”的）、换热子系统、热动力发电子系统、蓄热子系统、辅助能源子系统和监控子系统组成。该系统主要部件有聚光器、接收器、热交换器、控制系统、汽轮机发电机等。

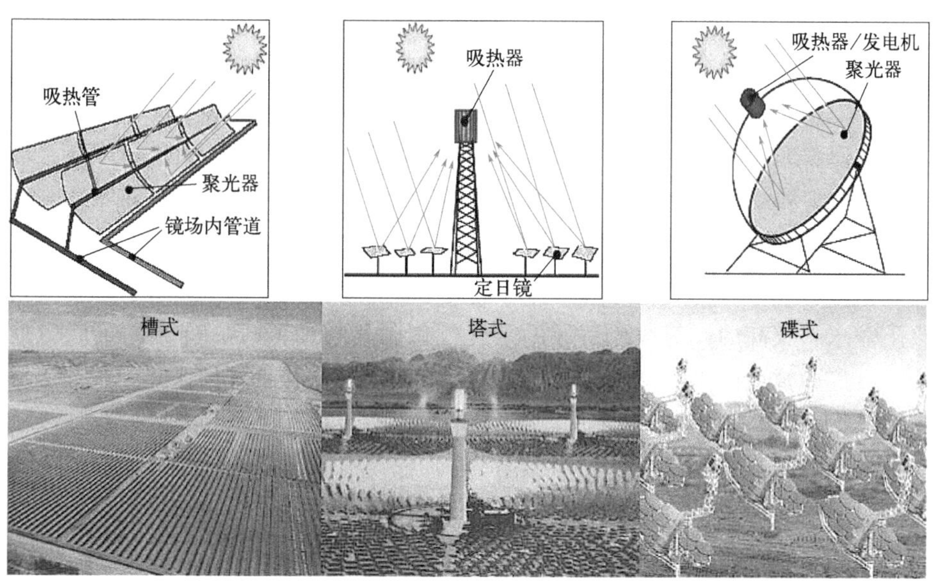

图 6-1　聚光型太阳能热发电系统（CSP）类型

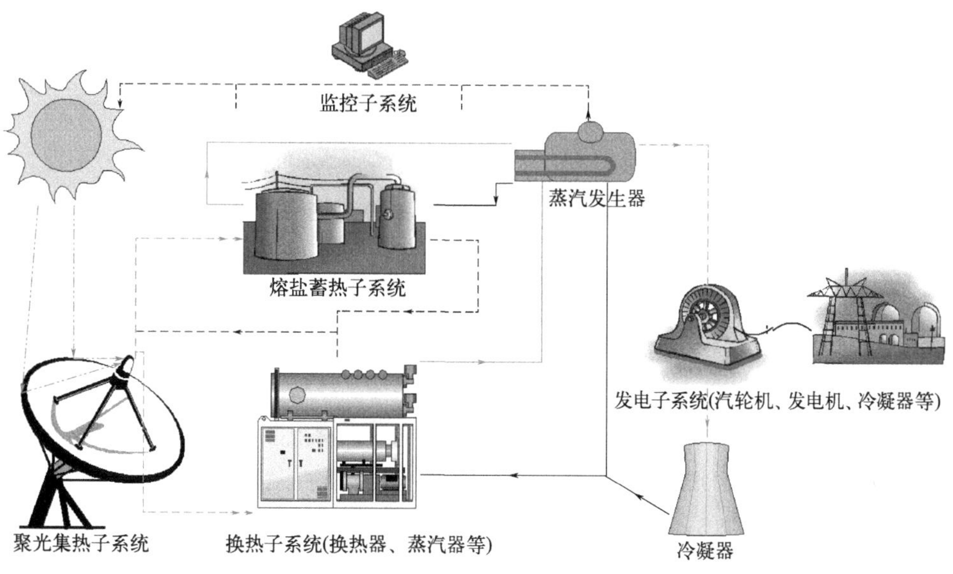

图 6-2　典型的太阳能热发电系统示意图

6.1.1.1 聚光集热子系统

聚光集热子系统是太阳能热发电系统的核心，主要部件包括聚光器和接收器。一般多个聚光集热单元组成一个标准的聚光集热器（主要由反射镜、支撑机构、跟踪系统组成），多个聚光集热器组装在一起构成太阳能集热阵列。聚光器的主要作用是将低密度的太阳光收集起来，聚集到集热器上，将太阳能转化成热能并储存在热传输介质（导热油、水或熔盐等）中。聚光器一般分为反射式和透射式，常用的反射式又分为平面反射聚光和曲面反射聚光。其应满足以下需求：较高的反射率、良好的聚光性能、足够的刚度、良好的抗疲劳能力、良好的抗风能力和抗腐蚀能力、良好的运动性能、良好的保养维护和运输性能。

6.1.1.2 换热子系统

换热子系统由预热器、蒸汽发生器、过热器和再热器等换热器组成，其主要作用是将热传输介质中的热能传递至发电系统，驱动热机做功，再带动发电机发电。当传输介质为熔盐或导热油时，其为双回路系统，即接收器中的介质被太阳能加热后，进入换热子系统并将热能传递给发电工质，高温高压的发电工质再进入发电子系统。

6.1.1.3 热动力发电子系统

热动力发电子系统主要由动力机和发电机等设备组成，与传统火力发电系统基本相同。可应用于太阳能热发电系统的动力机包括蒸汽轮机、燃气轮机、低沸点工质汽轮机、斯特林机等。动力发电装置主要根据聚光集热装置可能提供的工质参数来选择。一般当太阳能集热温度等级与火力发电系统基本相同时，可选用现代汽轮机发电机组；工作温度在800℃以上时，可以选用燃气轮机发电机组。对于小功率（通常在几十千瓦以下）、工作温度要求高的系统可以选择斯特林发动机；低温发电系统则可以选用低沸点工质汽轮发电机组，例如有机朗肯循环（ORG）。目前商业化的太阳能电站一般采用蒸汽朗肯循环，利用换热系统产生的高温高压蒸汽推动汽轮机发电。

6.1.1.4 蓄热子系统

地面上接收的太阳能受季节、昼夜、天气等气象条件的影响，具有间歇性和随机不稳定性。为了保证太阳能热发电系统稳定发电，一般需要设置蓄能

（蓄热）装置。蓄热子系统是指在太阳日照辐射较强时段，将收集到的多余太阳能热量（收集到的总能量扣除按需用来发电部分后剩余的能量）储存起来，在无太阳辐射或辐射不足时释放出来发电的蓄热部分。蓄热方式主要有显热、潜热、化学热储存三种。

6.1.1.5　辅助能源子系统

辅助能源子系统的作用是在太阳辐射不足或夜晚时采用常规能源通过燃烧等方式加热，以维持太阳能热动力电站稳定运行。辅助能源子系统由一套和发电机组功率相匹配的备用加热器或锅炉构成。当蓄热不足或夜间时，辅助能源子系统切入，代替太阳能集热场开始工作，保证热电厂持续运行；当蓄热充分或者白天辐射强度足够时，辅助能源子系统自动切出，太阳能热发电系统仅依赖太阳能提供的热量发电。发电子系统配备有专用装置来满足太阳能集热场与辅助能源子系统之间的切换。

6.1.1.6　监控子系统

监控子系统包括聚光器太阳能跟踪系统和检测系统。跟踪系统主要保证聚光器跟踪太阳光视位，聚光系统越大，对跟踪精度要求越高。检测系统主要是对太阳能辐射量、环境温度和风速等影响太阳能收集的外界环境变量以及发电子系统的热、电工况进行记录，并进行数据处理分析。

6.1.2　典型太阳能热发电系统

6.1.2.1　西班牙 INDITEP 槽式电站

2008 年 12 月，SPanish-German 联合工程公司根据 INDITEP 计划，在西班牙 Guadix 建成并成功运行了一座槽式太阳能直接蒸汽（direct steam generation，DSG）热动力发电站。该电站采用了太阳能直接产生蒸汽后直供汽轮机的模式，技术相比以往的间接系统更为先进。槽式太阳能热动力发电站商用发电的实际可行性在此电站成功运行后进一步得到了验证。

图 6-3 为该电站槽式太阳能 DSG 系统原理图。电站总功率 5.175MW，净功率 5MW，净热耗 14460kJ/(kW·h)，总效率 26.24%，净效率 24.9%。

聚光集热器阵列的总体布置见图 6-4，连接方式为再循环形式。全场集热器阵列由 70 台专门研发的 ET-100 槽型抛物面聚光集热器组成，每 10 台集热

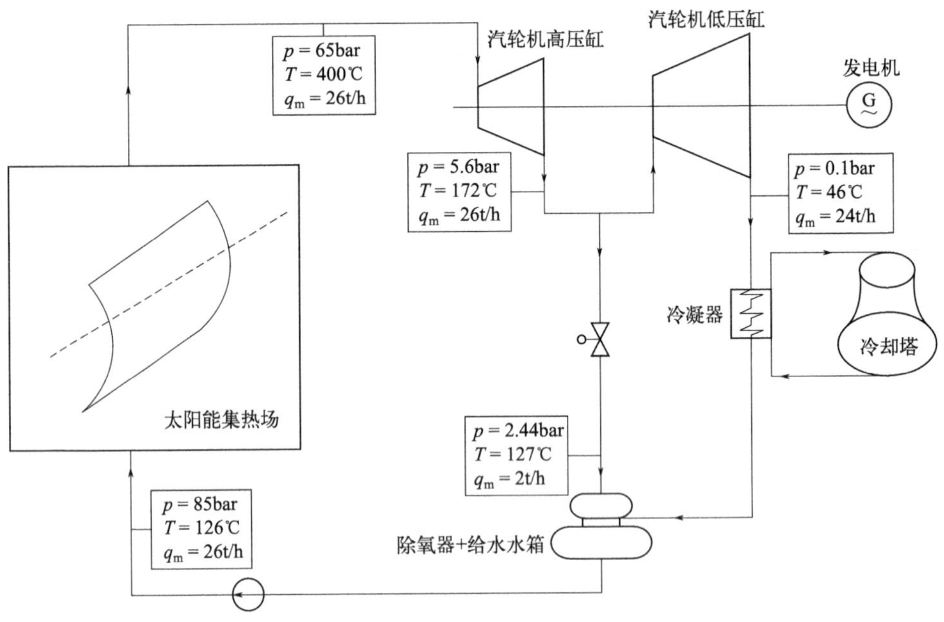

图 6-3 INDITEP 电站槽式太阳能直接产生蒸汽 5MW 热动力发电系统原理

器串接成一行，共 7 行，并联成阵列。聚光集热器为水平南北向布置，为收集更多的太阳能而配置了单轴跟踪装置。聚光镜面为低铁白玻璃镀银背面镜。

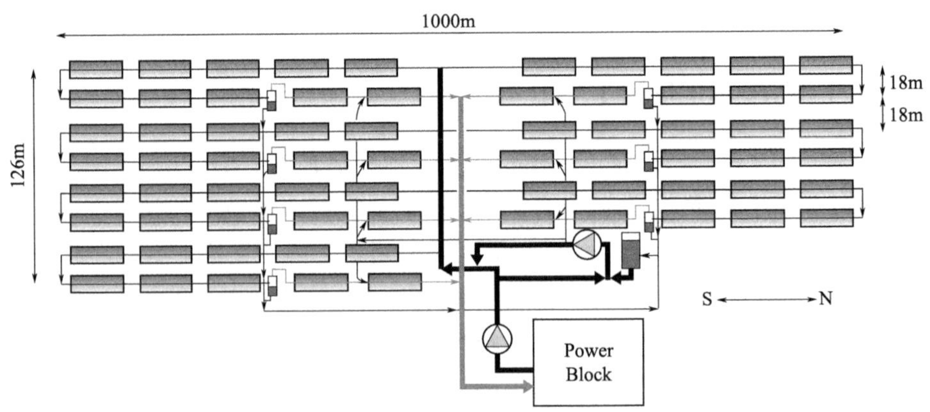

图 6-4 INDITEP 电站的热力系统（DSG）聚光器布置

集热管之间的挠性连接采用专门设计的球节。由图 6-4 可知，镜场总尺寸 0.126km^2，每兆瓦发电功率占地面积约为 0.0252km^2，这一水平与塔式电站的平均水平 0.0243km^2/MW 基本相当。相邻两行聚光集热器间距为 18m，相邻两个聚光集热器的间距 6.6m，不仅可满足冬天上午 9:00～下午 3:00 的时段内前后两行集热器不产生遮挡效应，同时也满足了安装和日常维修的需要。

单行聚光集热器回路从高压给水入口算起，沿工质流动方向的前 3 台集热器为水预热段，中间 5 台为蒸发段，最后 2 台为过热段。出蒸发段出口的湿蒸汽先经汽水分离器分离，分离后的饱和蒸汽再经过热段加热成过热蒸汽，送往汽轮机用来推动汽轮发电机组发电。汇流在分离器底部储水槽中的饱和水，经再循环泵送回到前级预热段再循环加热。

为了保证过热段的蒸汽出口参数基本恒定，运行中控制集热器的入口给水流量。夏季太阳辐射强度高，给水流量为 1.42kg/s；冬季太阳辐射强度减弱，相应地给水流量降低为约 0.4kg/s。因此聚光集热器的平均集热效率也是变化的，夏季约 60.8%，而冬季约 30%。电站 6、7 月份发电量最高，约 1650MW・h，12 月份最低，约 100MW・h，年平均发电量 10452.7MW・h。通过设置在每行内的过热段的注水器对该行产生的过热蒸汽出口参数微调，注水器类似锅炉里的喷水减温装置，根据预定的过热蒸汽温度对注入水量进行控制，使得各行集热器的过热蒸汽出口温度尽可能相同或相近，并接近额定值。

6.1.2.2　美国 SolarTwo 塔式太阳能热动力发电站

美国 SolarTwo 电站是在总结了 SolarOne 实验电站经验后为推进塔式太阳能热动力发电站商用化进程而建设的先导性工程，如图 6-5 所示。电站设计容量 10MW，建于美国南加州沙漠地区。1996 年该电站建成，同年 6 月并网发电，并进入长年试验与评估阶段。SolarTwo 电站是太阳能塔式熔盐技术发电的首次开发尝试，验证了熔盐技术的应用可以降低 CSP 建站的技术和经济风险，在塔式熔盐技术的商业化进程中功不可没。SolarTwo 电站由聚光系统、集热系统、蓄热系统、蒸汽产生系统及发电系统组成，如图 6-6 所示。液态 290℃冷盐被泵从冷罐中抽出送往位于集热塔顶部的集热器中，冷盐在集热器中被镜场聚焦的太阳辐射回热到 565℃后，流回地面，并被储存在热罐中。热罐中的热盐被抽到蒸汽发生器中用于生产高压过热蒸汽，随后被送入冷罐中。蒸汽发生器产生的蒸汽用于驱动常规朗肯循环的汽轮机发电机组。硝酸盐蓄热系统可保证夜间及多云时候的电力生产。

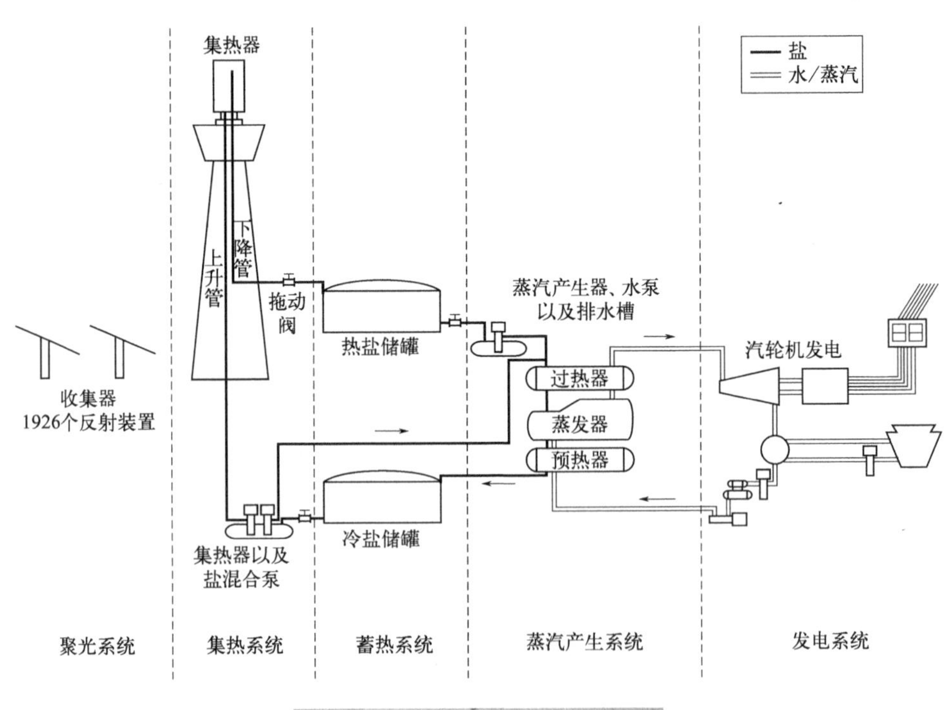

图 6-5　SolarTwo 电站原理及实物

聚光集热系统。SolarTwo 电站共有定日镜 1926 台，其中在初期 SolarOne 电站中使用过的镜面反射面积约 $40m^2$ 的小型定日镜 1818 台，后期设计的反射面积 $95m^2$ 的大型定日镜 108 台，总镜面面积 $81400m^2$。具体聚光镜参数见表 6-1。镜场为椭圆形，东西长约 760m，南北长约 580m。在平均直射辐射 $500W/m^2$ 下，约有 42MW 的聚光能力。定日镜采用双轴跟踪，当定日镜和接收器表面最大距离为 300m 时，其跟踪误差为 0.51m。定日镜表面用自走式喷水车做定期清洗，以保证镜面清洁，具有较高的反射率。中央动力塔高 91m。接收器为熔盐管式圆柱外部受光型，高 6.2m，直径 5.1m，由 24 个排管束组件构成，采用直径 7.68m 的钢管制作。

表 6-1 SolarTwo 电站使用的两种聚光镜参数

参数	MartinMaretta 反射镜	Lugo 反射镜
数量	1818	108
反射面积/m^2	39.13	95
反射镜模块数	12	16
玻璃种类	混合镜面（低铁含量与高铁含量镜面混合）	薄玻璃片置于厚玻璃之上
洁净反射率/%	0.903	0.94
反射场地总面积/m^2	71140	10260

蓄热系统。由冷热两个钢制储盐罐构成的储热系统主体。每个储盐罐占地 9.2m×12.5m，储存熔盐 1500t。罐内储热介质为 $NaNO_3$（60%）+KNO_3（40%）的混合盐，其单位体积热容量 500～700kW·h/m^3，总热量可满足机组满负荷运转 3h。正是因采用了这种蓄热系统，SolarTwo 电站的发电效率才较之前一代 SolarOne 有所提高。

蒸汽生产和发电系统。蒸汽生产系统包括预热器、蒸汽发生器和过热器 3 个主要设备，见图 6-6。U 形管、单壳程的预热器将 10MPa/260℃的给水加热到接近其饱和温度 310℃。蒸汽发生器用于将饱和状态的给水蒸发，以产生高品质的饱和蒸汽。U 形管、单壳程的过热器可生产 10MPa/535℃的过热蒸汽。

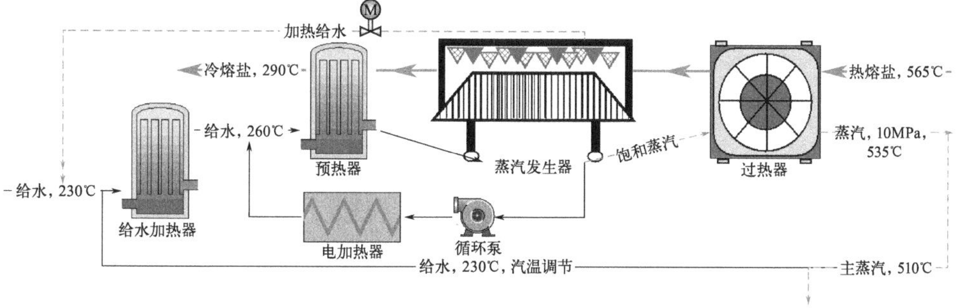

图 6-6 SolarTwo 电站蒸汽生产系统

565℃的热盐可提供蒸汽生产所需热量。其由一台单级离心热盐泵抽出后，依次送往过热器的壳侧、蒸汽发生器的管束、预热器的壳侧，放热降温到290℃后又回到冷罐。

电站设计蒸汽发生器可生产535℃的过热蒸汽，但实际过热汽温被限制在510℃，因此必须进行调节，使过热汽温控制在限制温度范围内。这里的汽温调节是通过汽轮机的进汽管道上喷水实现的，这与常规电厂锅炉喷水减温装置类似。电站使用非再热汽轮机，额定输出功率12.8MW。蒸汽生产系统及发电系统的相关技术参数见表6-2。

表6-2 SolarTwo电站蒸汽生产系统及发电系统的相关技术参数

项目名称	技术参数和主要说明
蒸汽发生器构成	预热器，罐式蒸发器，过热器
蒸汽发生器热负荷/MW	35.5
传热导流体	硝酸熔盐（$NaNO_3$∶KNO_3＝3∶2）
进口盐温度/℃	565
出口盐温度/℃	290
给水进口温度/℃	260

电站发电效率与部件效率。美国Sandia国家实验室对SolarTwo电站进行了为期14个月的观测，对相关运行数据进行的记录和整理分析表明，该电站虽然未能完成15%的峰值效率设计目标值，但基本达到了实验电站的水平，实现了作为商业电站先导性工程的目的。具体测试参数如表6-3所示。后期很多塔式聚光集热电站均参考了这一模式。

表6-3 SolarTwo电站统计峰值效率参数

序号	参数	Solar Two 目标值/%	Solar Two 实际值/%	商业电站 预测值/%
1	镜面反射率	90	90∓0.45	94
2	集热场效率	69	63∓3.8	71
3	集热场可用率	98	94∓0.3	99
4	镜面清洁度	95	93∓2	95
5	吸收器效率	87	88∓1.8	88
6	储热效率	99	99∓0.5	>99

续表

序号	参数	Solar Two 目标值/%	Solar Two 实际值/%	商业电站预测值/%
7	总的集热效率（以上各部分乘积）	50	43∓2.3	55
8	蒸汽循环效率	34	34∓0.3	42
9	供电率（净功率/总功率）	88	87∓0.4	93
10	电站峰值效率	15	13∓0.4	22

从以上概念、定义和实例可以看出，本节所述太阳能热发电系统与传统热电厂热发电系统在结构上有相似之处。最大的不同在于蒸汽产生的热源不同，前者是太阳能聚光产生，而后者是燃料化学反应产生。其次是太阳能热发电系统一般要配置储能装置，而热电厂热力发电系统一般没有配置（非必需）。两种热发电系统其他方面均一致，因此适用于热力发电厂的原则性及全面性热力系统对太阳能热发电系统同样适用，只需要将锅炉出口参数全面用太阳能聚光集热器出口参数替代即可。当然一些细节的修正也是必要的。本节限于篇幅，未对太阳能聚光集热器的结构和设计进行阐述，对应内容可参考相关文献理解。

2016 年 9 月 14 日，我国国家能源局正式发布了《国家能源局关于建设太阳能热发电示范项目的通知》，共 20 个项目入选中国首批光热发电示范项目名单，总装机约 1.35GW，包括 9 个塔式电站、7 个槽式电站和 4 个菲涅尔电站。截至目前投运 8 个，其中 2018 年底前投运项目 3 个，享受国家补贴电价 1.15 元/(kW・h)，2019～2020 年投运项目 4 个，享受国家补贴电价 1.1 元/(kW・h)，2021 年内全容量并网项目 1 个，为玉门鑫能 50MW 二次反射塔式光热发电项目，该项目于 2021 年 12 月 30 日全面投运，享受国家补贴电价 1.05 元/(kW・h)。

太阳能热发电产业化发展过程中，与同宗技术的光伏发电相比，成本的降速十分缓慢。正是这一主因限制了太阳能聚光式热发电的发展速度，且这一现象是全球共性问题。然而事实上，在“十二五”期间，太阳能热发电整个产业已经有了很好的积累。从我国首个、亚洲当时最大的塔式太阳能光热发电站——1 兆瓦示范项目“八达岭太阳能热发电实验电站”建成，到“十二五”后期，中控建设的 1 万千瓦的商业化示范项目，以及后期投产的一些太阳能聚光热发电技术，均表明太阳能热发电从理论研究、技术、设备到整个产业链都具备了规模化发展的基础。国外西班牙、美国等发达国家同样如此。因此可以预见随着技术的进一步发展，太阳能聚光热发电成本下降也是必然趋势，随之而来的规模化商业建设一定会更有前景。值此书付梓之际，2023 年 3 月 20 日，国家能源局发布《国家能源局综合司关于推动光热发电规模化发展有关事项的通知》。该通知表示了“充分认识光热发电规模化发展重要意义、积极开展光热规模化发展研究、尽快落地光热发电项目、提高光热发电项目技术水平”的乐观支持光热发展的态度，为光热发电及其在储能方向的应用开拓了新局面。

6.2 核能热力发电系统

核电目前是公认的既可以代替常规能源又经济环保的现代能源，它的开发和利用对我国社会和经济发展产生十分重要的影响，为国民经济的持续稳定发展做出了重要贡献。核能与太阳能、水能、风能、氢能、地热能、生物能（沼气）等能源类似，属于低碳环保的清洁能源，与传统化石能源相比，核能发电并不会面临资源日趋枯竭、环境污染的风险。相比之下，水电的开发过度依赖特定的自然条件，且会对水域流通有所影响，从中长期看水电资源开发程度有限；风电和光伏发电受自然条件制约，具有间歇性和较大电量波动性，难以承担稳定的供电基础负荷。因此，核电的发展自然而然成为中国应对发展低碳能源经济的一个理性选择。

6.2.1 核能发展简史

在 1938 年，德国化学家哈恩和施特拉斯曼发现了铀-235 的裂变现象：铀原子在核裂变的同时放出巨大的能量。从此，核能的利用走向现实。核能发电的历史与动力堆的发展历史密切相关，动力堆的发展最初是出于军事需要。1954 年，苏联建成世界上第一座装机容量为 5 兆瓦（电）的奥布宁斯克核电站，首次实现了人类对核能的和平利用。随后，英、美等国也相继建成各种类型的核电站。1957 年，世界上第一座商用核电厂美国希平港 6 万千瓦核电厂并网发电。1991 年，我国自行设计、建造的秦山 30 万千瓦核电厂并网发电，结束了我国大陆无核电厂的历史。

6.2.2　核能发电原理

核能也称原子能，是原子核结构发生变化时释放出来的巨大能量，包括裂变能和聚变能两种主要形式。目前核能发电利用的是裂变能。以压水堆核电站为例，核燃料在反应堆中通过核裂变产生的热量加热一回路高压水，一回路水通过蒸汽发生器加热二回路水使之变为蒸汽。蒸汽通过管路进入汽轮机，推动汽轮发电机发电，发出的电通过电网送至千家万户。整个过程的能量转换是由核能转换为热能，热能转换为机械能，机械能再转换为电能。核电站可分为两部分，一是核岛，包括反应堆厂房、辅助厂房、核燃料厂房和应急柴油机厂房。二是常规岛，包括汽轮发电机厂房和海水泵房。目前我国核电站采用的堆型有压水堆、重水堆、高温气冷堆和快中子堆。

典型压水堆核电站的总体结构主要由三个回路构成，一回路属于核岛部分，二、三回路属于常规岛部分。其原理如图 6-7 所示。

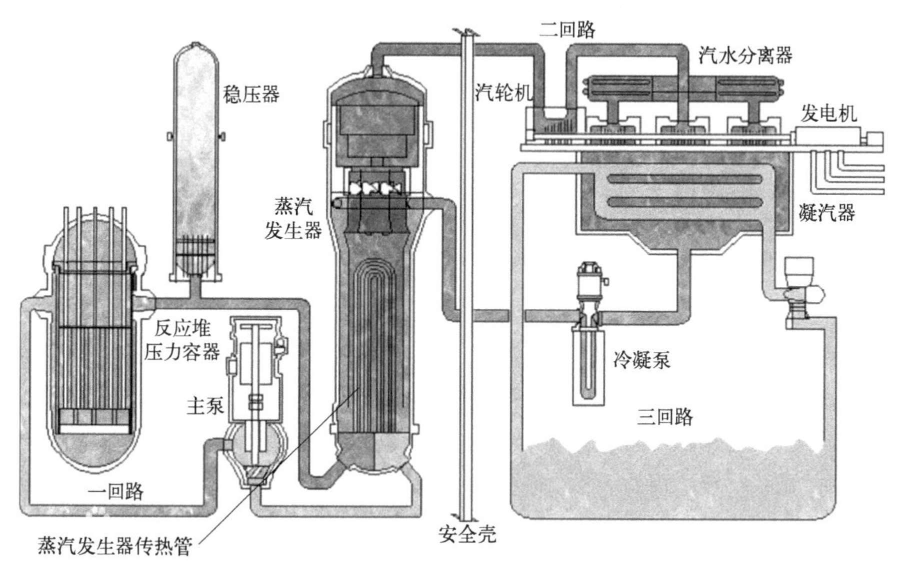

图 6-7　典型的压水堆核电站原理图

一回路：反应堆堆芯因核燃料裂变产生巨大的热能。冷却剂由主泵泵入堆芯带走核裂变产生的热量，然后流经蒸汽发生器内传热的 U 形管，通过管壁将热能传递给 U 形管外的二回路冷却水；释放热量后又被主泵送回堆芯重新加热，再进入蒸汽发生器。冷却剂这样不断地在密闭的回路内循环，这个回路循环被称为一回路。故一回路是封闭回路，内部是高温高压的冷却水。

二回路：蒸汽发生器 U 形管外的二回路水受热变成蒸汽，蒸汽推动汽轮机发电机做功，把热能转化为电能，做完功后的蒸汽进入冷凝器冷却，凝结成水返回蒸汽发生器，重新加热成蒸汽。这个回路循环，被称为二回路。

三回路：做功后的乏蒸汽在冷凝器中被海水或河水、湖水冷却水（三回路水）冷凝为水，再补充到蒸汽发生器中。以海水为介质的三回路的作用是把乏蒸汽冷凝为水，同时带走电站的弃热。

压水堆核电系统中的三条回路是互相隔离的，其中一回路在核岛内，触及核反应堆，所以具有放射性。但是一回路的压力边界被严格地密封在水泥安全壳中。安全壳内一回路水通过的管道附近放射性剂量较高，在没有一回路水通过的区域，剂量很低。而在安全壳之外，辐射剂量不会有任何升高，和环境本底剂量是保持一致的。

在压水反应堆中，水是冷却剂，即它冷却反应堆，带出核裂变能传给二回路；水又是慢化剂，用来将裂变反应释放的快中子能量减少，使之慢化成为热中子或中能中子来维持链式反应，故压水反应堆也称为热中子反应堆。

6.2.3　核电厂的主要设备

6.2.3.1　核反应堆

核反应堆是核电厂的核心设备。它的作用是维持和控制链式裂变反应，产生核能，并将核能转换成可供使用的热能。核反应堆的组成，主要包括压力容器、核燃料组件、控制棒组件等。

图 6-8 为压水反应堆的结构示意图。堆芯置于压力壳容器内的中下部区域，利用吊篮部件悬挂在压力壳法兰段的内凸缘上，整个堆芯浸没在含硼的高压高温水（冷却剂和慢化剂）中，堆芯的外围是围板，用以规范和强制冷却剂循环流过堆芯燃料组件，有效地将裂变产生的热量带出堆芯，经冷却剂出口管出堆壳。围板的外侧是不锈钢筒，它对突出堆芯的中子流和 γ 射线起屏蔽作用。压力壳顶盖上部的控制棒驱动机构与穿过顶盖的驱动轴连接，带动插入导向筒内的控制棒在堆芯内上下抽插，实施反应堆启动、功率调节、停堆和事故工况下的安全控制。

核燃料组件是产生裂变并释放热量的重要部件，一个燃料组件包含有 200～300 根燃料元件棒，这些燃料元件棒内装有低浓缩的二氧化铀（UO_2）

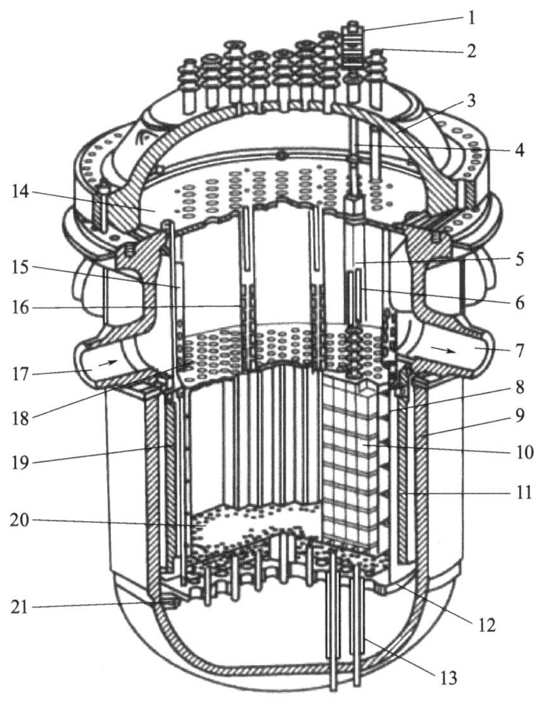

图 6-8　压水反应堆结构图

1—控制棒驱动机构；2—上部温度测量引出管；3—压力壳顶盖；4—驱动轴；5—导向筒；6—控制棒；7—冷却剂出口管；8—堆芯辐板；9—压力壳筒体；10—燃料组件；11—不锈钢筒；12—吊篮底板；13—通量测量管；14—压紧组件；15—吊篮部件；16—支撑筒；17—冷却剂进口管；18—堆芯上栅格板；19—堆芯围板；20—堆芯下栅格板；21—吊篮定位块

(其中^{235}U 浓缩度约为 3%)。每个组件内设有 16（或 20）根可插入控制棒的导向筒，组件的中心为中子通量测量管。一个反应堆有 100 多束燃料组件，共 2 万～4 万多根燃料棒。

反应堆的控制棒由径向星形肋片连接柄连成一束，从反应堆顶部插入堆芯，由一台驱动机构带动上下移动。正常运行工况下，控制棒在导向筒内的移动速度很缓慢，一般每秒行程为 10～19mm。在紧急停堆或事故情况下，驱动机构接到动作信号后迅速全部插入堆芯（约 2s 内），以保证反应堆的安全。

6.2.3.2　压水堆主冷却剂系统

目前核电站用的压水堆主冷却剂系统大多由 2～4 个相同的冷却环路组成(环路数量依据反应堆容量确定)，整个系统共用一个稳定器来维持压力稳定。此外，还有一系列辅助系统，如图 6-9 所示。每 1 个环路有 1 台蒸汽发生器，

1 台或 2 台（其中 1 台备用）主冷却剂泵，并用主管道把这些设备与反应堆连接起来，构成密闭的回路。

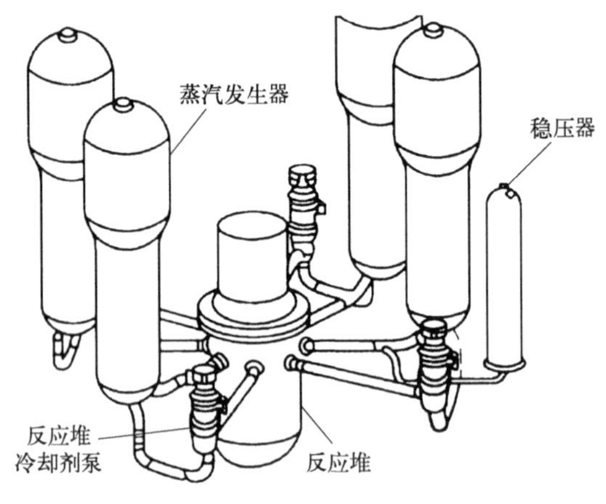

图 6-9　主冷却剂系统

6.2.3.3　稳压器

稳压器又称容积补偿器，它的作用是补偿回路冷却水温度变化引起的回路水容积的变化，以及调节和控制一回路系统冷却剂的工作压力。

6.2.3.4　蒸汽发生器

蒸汽发生器是将反应堆的冷却剂的热量传给二次回路水以产生蒸汽的热交换设备。蒸汽发生器由 U 形传热管束、管板、三级汽水分离器及外壳容器等组成。冷却剂由蒸汽发生器下封头的进口管进入一回路水室，经过倒 U 形传热管，将热量传递给管子外面的二回路；放热后的一回路水汇集到下封头的出口水室，再流向一回路主泵吸入口。而 U 形管外侧的二回路给水是从蒸汽发生器筒体的给水接管进入环形管的，经环形通道流向底部，然后沿着倒 U 形管束的外空间上升，同时被加热，部分水变为蒸汽；汽水混合物进入上部汽水分离器，经过粗、细两级分离和第三级分离干燥后达到一定干度的饱和蒸汽，汇聚到蒸汽发生器顶部出口处，经二回路主蒸汽管道进入汽轮机做功带动发电机发电。

6.2.3.5　汽轮发电机机组

压水堆核电厂采用间接循环，二回路的蒸汽参数受一回路温度限制，而一回路的压力受到反应堆压力容器的结构设计限制，因此一回路冷却剂温度提高的潜力很小，堆芯出口平均温度不超过330℃，二回路蒸汽一般为5～7.8MPa，这与热电厂的高蒸汽参数汽轮机相比，核电厂汽轮机的蒸汽可用比焓降仅为热电厂的一半左右。

核电厂汽轮机具有以下特点：

① 汽耗率约比常规电厂高一倍。

② 核汽轮机的低压缸发出的功率较大，达整机功率的50%～60%，而热电厂高参数机组中，低压缸仅占20%～30%。

③ 排汽速度损失对效率有较大影响，这要求增大排汽流通截面，以降低排汽速度。

同时因为新蒸汽是饱和汽，膨胀后进入湿汽区，为保证汽轮机安全经济运行，在汽轮机高压缸和低压缸之间设有汽水分离再热器，对蒸汽进行中间除湿和再热。这是核发电机与火电的重要区别之一。

6.2.4　核电发展面临的主要问题

6.2.4.1　核电没有绝对安全

核电站设计的“安全”系数，都是理论上可计算，未经实践或实验考验的“理论值”。由于人类的安全技术还没有完全到位，不论如何设计和测试，都不能保证其“不安全系数”为零。核电站是迄今人类设计的最复杂的能源系统，核反应堆是非常复杂的机器，任何复杂的系统都不能保证永不出错，且一个错误会导致另一个错误。美国三哩岛核电事故、苏联切尔诺贝利核电事故、日本福岛核电事故都是核电历史上重大核电事故。

6.2.4.2　核废料的问题无解

(1) 核废料的污染周期长

目前，世界上核电站的寿命只有40年，而其退役后留下的核废料污染周期长达20万年，会给环境留下巨大的包袱。因此，我们不能仅仅考虑40年运行期间的安全，而忽略长达20万年的安全，也不能仅仅考虑40年的运行成本，而忽略长达20万年的核废料处理成本。如何妥善处理和储存核废料，保证其在长达数十万年内不致严重破坏人类居住环境，世界各国包括我国都未能找到妥善方案。

（2）对核废料无法进行消除放射性处理

目前，人类所能够控制的核反应对象只有铀 235 和钚 239，其他放射性元素如氚等无法解构，只能任其衰变，输入环境。因此，高能核废料确实无处可去，这也是福岛核电站将 400t 污水直接排入大海的原因。

（3）中国可利用的铀资源有限

根据《中国能源中长期（2030、2050）发展战略研究》“核能卷”提供的数据可知，全世界保有可采天然铀储量为 550 万吨。其中，我国探明的天然铀矿储量只有 17 万吨，且大型的、易开采的天然铀矿产资源较少，属于贫铀国家。目前，全世界每年核电需要消耗铀燃料 81633t，按现有产能，地球上的铀矿最多可用 70～80 年。因为铀燃料与化石燃料一样，是不可再生能源，也有枯竭的一天。中国地质科学院全球矿产资源战略研究中心闫强博士分析，由于铀矿需求量大大超过我国现有资源量，面对急剧攀升的需求，铀矿供应严重短缺很快就会出现。如果不顾现实和客观条件，盲目地大批上马核电站，一旦开工不足，必定到处都是废弃的核电厂，也就意味着土地的永久丧失。

6.3 生物质能热力发电系统

生物质发电是利用生物质所具有的生物质能进行的发电，是可再生能源发电的一种，包括农林废弃物直接燃烧发电、农林废弃物气化发电、垃圾焚烧发电、垃圾填埋气发电、沼气发电。生物质发电过程中，生物质转化路线大体上可以分为两类：直燃发电和气化技术。后者包括固体生物质直接气化、固体生物质高温分解生成生物油后气化，以及湿生物质（如动物废弃物）经厌氧发酵生成生物质气。

生物质直燃发电项目的生产系统主要由生物质加工处理系统、输送系统、锅炉系统、汽轮机系统、发电机系统、化学水处理系统及除灰、除渣系统等部分组成。其主要生产过程是将生物质原料从附近各个收购站点运送至生物质电厂，经破碎、分选等加工处理后存放到原料仓库，然后由原料输送装置将其送入生物质锅炉燃烧，通过锅炉换热将生物质燃烧后的热能转化为高温、高压蒸汽，推动蒸汽轮机做功，最后带动发电机生产电能。生物质原料燃烧后的灰渣落入除灰装置，由输灰机送到灰坑，进行灰渣处理。烟气经过烟气处理系统后由烟囱排入大气环境中。生物质直燃发电与常规热电厂相比，原理是相同的，但是，在原料供给体系和锅炉等方面存在一些差异。图 6-10 为生物质直燃发电的系统图。在生物质直燃发电过程中，常用于生物质燃烧的锅炉为炉排锅炉和流化床锅炉。炉排锅炉根据燃料供给位置的不同分为下送炉排（underfeed）和上送炉排（overfeed）锅炉，前者从炉排下向上供给燃料和空气，而后者的燃料从炉排上供给，空气则由炉排下向上送。上送炉排进一步分为集中式供给（massfeed）和撒布式供给（spreader）。在集中式供给炉排里，燃料被连续地送至炉排的一端，当燃烧的时候，燃料沿着炉排运动，在炉排的另一端清除灰渣；撒布式供给炉排是最普通的炉排锅炉，燃料被均匀地散在炉排面上，空气从炉排下供给。炉排锅炉的效率约为 65%。流化床锅炉分为常压流化床锅炉和带压流化床锅炉。根据流化速度的不同，常压流化床锅炉又分为沸腾（或称为泡沫）流化床锅炉和循环流化床锅炉。与炉排锅炉相比，流化床锅炉燃烧效率高，可有效燃烧生物质和低级燃料，SO_2 和 NO_x 的排放量低。流化床锅炉的效率约为 85%。影响生物质燃烧效率的主要因素是生物质的含水量、引入锅炉的过量空气和未燃烧或部分燃烧的生物质的百分比。高热值、低含水量的生物质比低热值、高含水量的生物质效率高。

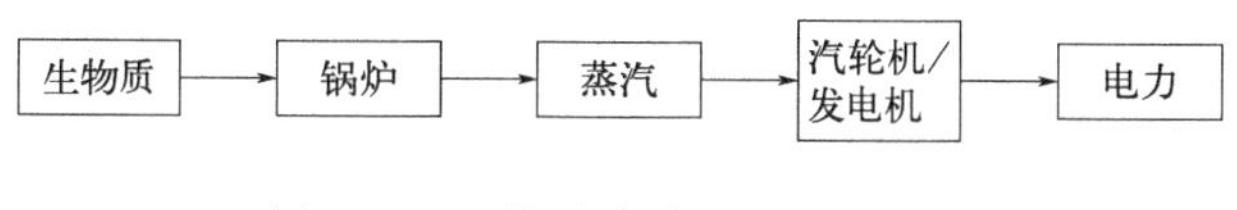

图 6-10　生物质直接燃烧发电系统

2006 年，我国第一批生物质直燃发电项目分别在河北省石家庄晋州市和山东省菏泽市单县建设，装机容量分别为 2×12MW 和 25MW，年发电量分别为 1.2 亿千瓦·时和 1.56 亿千瓦·时，年消耗秸秆量平均达到 20 万吨。后续，我国陆续在生物质资源丰富的大省如河南、安徽、江苏、黑龙江等建设了一批生物质直燃发电厂。在国家政策和财政补贴的大力推动下，以及随着生物质发电技术提升，我国生物质能发电投资持续增长。数据显示，2019 年我国生物质发电投资规模突破 1502 亿元。截至 2020 年，我国投产的生物质能发电项目共有 1353 个。

随着生物质直燃发电技术特别是生物质锅炉技术的不断进步以及世界范围生物质原料收、加、储、运体系的不断完善，发展建设大容量生物质直燃发电机组的条件逐渐成熟，大容量生物质发电机组在能量利用率、机组稳定性、经济性和节能减排方面的优势会逐渐被认识。

生物质气化发电系统是以生物质气化气为燃料的发电系统。气化技术与直接燃烧技术相比，具有气体燃料用途广泛、适于处理不同类型的生物质原料以及低排放量的特点，是一项很有潜力的技术。但是由于气化过程会产生焦油，同时产生的气化气热值较低，需经过气化气进行净化和对发电设备进行改装，才能达到适用生物质气化气为燃料的要求，对发电设备有较高的要求。生物质气化热力发电系统的基本原理如图 6-11 所示。

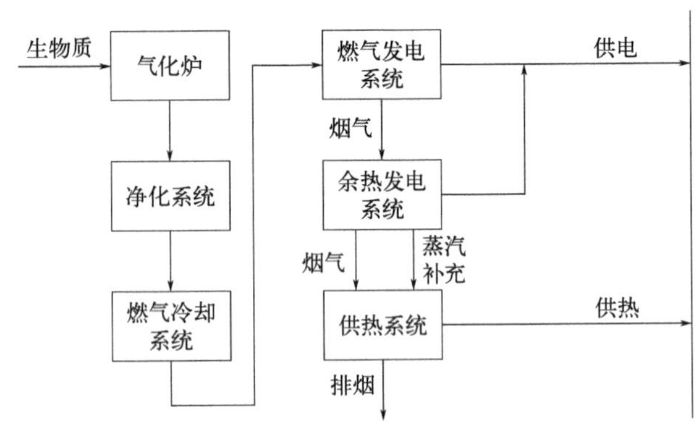

图 6-11　生物质气化燃烧热力发电系统流程图

生物质气化热电联产系统的燃气发电子系统主要包括燃气轮机、内燃机和蒸汽轮机等设备。生物质气化热电系统大体可以分为两种：一种是先通过除尘除焦油技术对生物进行净化，然后采用内燃机、燃气轮机等发动机来驱动发电机发电；另一种是在蒸汽锅炉中直接燃烧生物质气化气生产高压蒸汽，驱动蒸汽轮机、螺杆膨胀机等发动机来发电。

目前能够用于生物质气化热电联产系统商用运行的发动机主要是内燃机、燃气轮机、蒸汽轮机以及螺杆膨胀机。燃气轮机由于对低热值燃气具有较好的适应性，发电效率较高，适合用于生物质气化热电联产系统；蒸汽轮机由于燃料适应种类多，对于低热值、杂质多的生物质气化气具有良好的适用性，同样适用于生物质气化热电联产系统。

6.4　地热能热力发电系统

随着世界经济的不断增长，能源的消耗也越来越大，化石燃料的大量使用不仅带来了严重的环境污染和生态破坏，而且资源量也日益减少。因此，开发洁净的可再生能源成了可持续发展的迫切需要，作为替代能源之一的地热能源日益受到人们的重视。地热能是一种零污染的可再生能源，其主要来自地球深处相关物质发生的衰变。据估计，距地壳深度 3km 以内蕴藏的热量约为 4.3×10^{19}MJ。全球地热资源估计为 6×10^{6}MW，其中 32%的地热温度高于 130℃，而 68%的地热温度低于 130℃。地热资源按照温度可以划分为：高温（地热温度高于 150℃）、中温（地热温度处于 90～150℃）、低温（地热温度低于 90℃）。

目前，绝大多数的地热发电项目是通过钻井抽取地下的地热流体作为高温热源进行发电，经过发电后的地热流体再灌回地下。一般从井口流出的地热流体存在 3 种状态：干蒸汽、以蒸汽为主或者以水为主的汽水混合物以及热水。根据从井口流出流体的性质热力发电系统可分为干蒸汽热力系统、一次闪蒸蒸汽热力系统、二次闪蒸蒸汽热力系统和双工质热力系统，如图 6-12 所示。

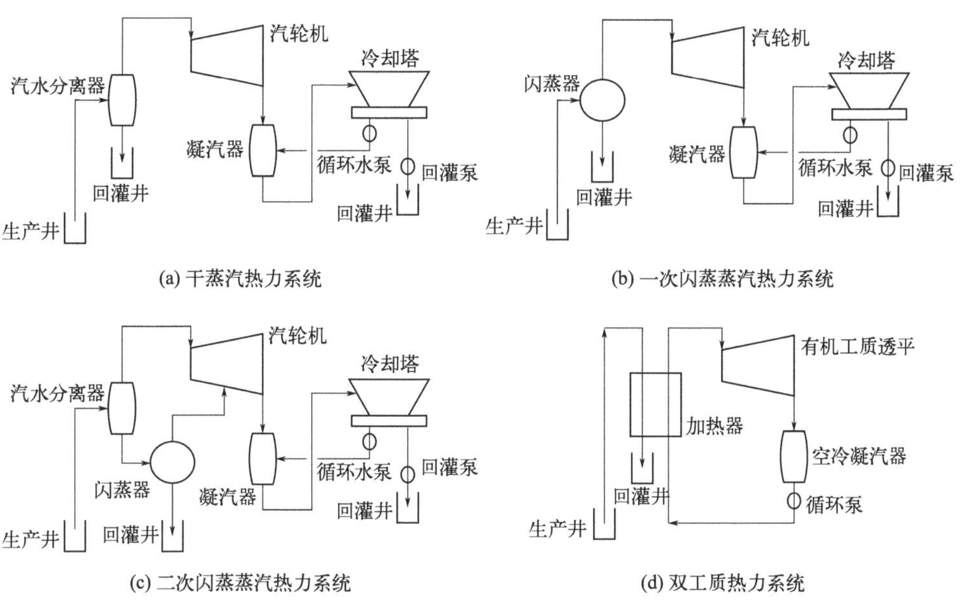

图 6-12　热能发电的主要热力系统

6.4.1　各国地热能热力发展现状

截至 2020 年，全球地热直接利用折合装机容量为 108GW，较 2015 年增长 52%，地热能利用量为 1020887TJ/a（约合 283580GW・h/a），较 2015 年增长 72.3%。地热直接利用装机容量世界排名前五为：中国、美国、瑞典、德国、土耳其；地热能利用量排名前五为：中国、美国、瑞典、土耳其、日本。地源热泵是全球地热直接利用最主要的方式，地源热泵供热制冷，主要分布在北美、北欧和中国等，2020 年地热能利用量占比约为 58.8%。温泉康养，包括洗浴、游泳、娱乐等，具有很高的附加值，虽没有政府主动推动，却一直在自发迅速发展，地热能利用量占比约为 18%。空间供暖（绝大部分是区域供暖）地热能利用量约占 16%，主要集中在中国、冰岛、土耳其、法国、德国等。此外，温室供暖地热能利用量约占 3.5%，工业应用约占 1.6%，水产养殖池塘供暖约占 1.3%，农业干燥占 0.4%，融雪和冷却占 0.2%，其他占 0.2%。国际能源署预测，到 2035 年、2040 年，全球地热直接利用装机容量将分别达到 500GW 和 650GW。

6.4.2 地热能发电系统

6.4.2.1 干蒸汽发电系统

1904 年，世界上首台地热能发电站在意大利建成，并利用干地热蒸汽成功进行了发电试验。该地热电站采用的循环系统为干蒸汽发电系统。干蒸汽发电系统先将从地热井抽出来的干蒸汽送入过滤器去除其中直径较大的固体颗粒，被过滤后的干蒸汽直接进入汽轮发电机中进行发电做功，乏汽经过凝汽器、冷却塔及回灌泵而进入回灌井中回到地下。干蒸汽发电系统主要针对参数较高的高温地热能资源，系统结构简单。经过工程技术人员多年试验和研究，该发电技术相对成熟。

6.4.2.2 闪蒸蒸汽发电系统

目前，世界各国开采的地热资源以中高温为主，这些地热资源大多是汽水混合物，采用的发电系统主要是闪蒸蒸汽发电系统。

闪蒸蒸汽发电系统，亦称扩容式发电系统，分为一次闪蒸与二次闪蒸两种类型。将地热井开采出来的汽水混合物送入分离器进行分离，分离后的水直接回灌至地下，而分离后的蒸汽进入汽轮发电机做功发电，乏汽经过冷凝后输送至回灌井而回到地下，这就是一次闪蒸蒸汽发电系统。在一次闪蒸蒸汽发电系统的基础上，将分离出来的热水送到闪蒸器或者减压器中，由于压力降低，又会产生一部分压力低的蒸汽，新蒸汽进入汽轮发电机进行做功发电，这就是二次闪蒸蒸汽发电系统。与干蒸汽发电系统相比，闪蒸蒸汽发电系统效率较低，一般通过多级减压而获取新的蒸汽。

6.4.2.3　双工质发电系统

对于中低温地热资源，若通过扩容的方式而获得新的蒸汽，则需将压力降到大气压以下，使得系统处于负压状态，这给系统运行设备设计上带来很大的困难。因此，针对中低温地热资源，主要采用双工质发电系统发电，即将地热水的热量传递给低沸点工质，进而产生高压气体，高压气体进入汽轮机做功发电。这种双工质发电技术亦称为有机工质朗肯循环技术（ORC技术）。双工质发电系统的特点在于地热水与发电系统不直接接触，利用有机工质作为载体传递能量，使得地热能资源能够充分利用。

6.4.2.4　卡琳娜发电系统

20世纪80年代，美国科学家Alexander I. Kalina在一次学术会议上首次提出以其命名的卡琳娜循环系统。该系统采用的传热工质是氨与水的混合物。与传统单一工质相比，混合物的沸点会随着两种物质的比例不同而发生变化。工程人员可以根据热源参数情况而相应调整氨与水的比例，使得混合物温度与热源温度相近，降低两者之间的温差，从而提高系统发电效率。此系统运行过程中，高温地热流体在换热器内将热量传递给氨与水的混合物，混合工质吸热蒸发汽化后进入分离器，分离后的蒸汽进入汽轮机做功，而分离后的液体进入加热器预热，经节流阀降压后与做功后的乏汽混合后进入凝汽器。由于采用液态氨作为循环工质，卡琳娜发电技术对系统的密封性有很高的要求。

6.4.3　地热能发电关键技术

在地热能发电站的建设过程中，涉及多项关键技术，包括地热井开发技术、地热流体采集技术、地热发电设备设计技术及地热田回灌技术等。

6.4.3.1　地热井开发技术

地热电站的装机容量与地热井的地热资源密切相关，一方面要保证地热井有足够的资源保证机组满负荷运行，另一方面需避免储热不够而引起的机组后续出力不足。因此，地热电站建设前期应准确评估地热井的实际情况，建立热储模型对地热田内部变化进行准确分析。

地热井钻探是勘探及获取地热资源的唯一手段，分为钻井和成井两部分。其中钻井是地流体勘探、采集的前提条件，钻井深度、地质结构复杂程度、地理位置、进尺深度等均影响到钻井成本；而成井又称完井，是地热能开发的关键因素，决定地热流体的质量，需根据实际情况选择相应工艺。

6.4.3.2 地热流体采集系统

同一块地热田上会设置多个地热井，而各井口与地热电站厂房相距较远，通常将各地热井与透平之间的这部分管道、支吊架等设备系统称为地热流体采集系统。在地热流体采集系统的设计过程中需要考虑生产井口装置选择、管网设计、汽水分离器的设计、疏水系统设计、支吊架设计、保温设计等。此外，不同生产井之间的地热流体参数差异也是采集系统需着重考虑的要素。

6.4.3.3 地热发电设备设计技术

地壳内部是由多种元素以化合物形态组成的，从地热井采集的地热流体中亦含有二氧化硅、硅酸盐、碳酸盐等大量易腐蚀、易结垢的矿物质。地热流体中的矿物质随着流体参数变化而易出现结垢现象，大量结垢会影响地热流体流动阻力以及换热效果，从而影响机组的经济性。此外，地热流体中的腐蚀性介质会对叶片、管道、阀门等金属表面产生不同程度的腐蚀，影响设备的寿命。因此，在设计地热发电系统中的管道、阀门、汽缸、叶片、凝汽器等设备时应充分考虑到地热流体的特点，采用相应措施保证机组能够高效、安全、持续运行。

6.4.3.4 地热田回灌技术

为了维持地热田的发电能力，同时避免地热废水直接排放引起环境污染，常用措施是地热回灌。地热回灌就是通过各种措施将使用后的地热废水、污水甚至干净的地表水输送至地下热储中，以保证地热井的产热能力，维持地热流体压力。地热回灌是一项相对复杂的工程技术，需要考虑回灌井位置选择、回灌水流向、温度控制、回灌管道设计等多方面因素。在大规模回灌之间一般需要进行回灌试验，对回灌效果进行监测，研究回灌水在热储中的运动规律，从而制定合理的地热田回灌方案。

6.4.4 我国地热能利用现状

我国是世界上开发利用地热能资源最早的国家之一，骊山汤等温泉的利用可追溯至先秦时期。20 世纪 50 年代，我国开始规模化利用温泉，相继建立了

160 多家温泉疗养院；70 年代初，我国地热能资源开发利用开始进入温泉洗浴、地热能供暖、地热能发电等多种利用方式阶段；进入 21 世纪以来，在政策引导和市场需求推动下，我国地热能资源开发利用得到了较快发展，开发规模和利用总量位居世界第一，约占全球开发利用总量的 30%。受资源品位等影响，我国地热能资源利用以直接利用为主，直接利用的年利用量处于世界领先地位，而地热能发电进展则相对缓慢。

6.4.4.1　地热能直接利用

为建筑物提供冷、热负荷是我国地热能直接利用的主要方式，根据热源深度等因素分类，主要分为浅层地热能利用和中深层地热能利用。近年来，我国地热能供暖规模持续上升，从 2005 年的 1272 万平方米增长至 2019 年的 91400 万平方米；在全国供暖市场中的占比稳步上升，从 0.5% 提升至 10.4%。

第一，浅层地热能利用。浅层地热能包括地表水、地下水和浅层岩土体包含的热能，主要利用地源热泵技术实现供暖（制冷）。截至 2019 年年底，我国浅层地热能供暖面积与“十二五”末相比新增 1.38 亿平方米，完成规划目标的 18.9%。累计供暖面积为 5.3 亿平方米，平均年增长率为 10%，增长比较稳定。以北京和湖北省为例，北京充分利用了浅层地热能，建成了以北京城市副中心行政办公区、北京大兴国际机场为代表的一批重大的浅层地热能开发利用项目，湖北省的汉口滨江国际商务区江水源项目也在建设中，对我国浅层地热能开发利用技术推广具有一定的积极意义。

第二，中深层地热能利用。地热能供暖是中深层地热能的主要利用形式之一，地热流体替代锅炉等常规热源对采暖循环水进行加热，进而实现对热用户提供供暖服务。中深层地热能利用实现规模化发展主要得益于政策推动。2017 年，我国国家层面关于大气治理、清洁取暖方面的利好政策集中出台，“2+26”个城市及各地方政府也纷纷出台了清洁取暖规划和清洁取暖财政支持政策，为地热能产业的规模化发展带来重大机遇，大力促进了中深层地热能供暖产业的蓬勃发展。“十三五”以来，我国中深层地热能供暖规模迅速增长，供暖市场主要分布在河北、山东、陕西、河南、天津等北方清洁取暖省市。在 2015 年年底 1.02 亿平方米的基础上，截至 2019 年年底新增 2.8 亿平方米，供暖规模超过 3.82 亿平方米，平均年增长率在 39%左右。成功打造了“雄县模式”等可推广、可复制的中深层地热能开发利用模式，并基本建成以雄县、咸阳等为标志的多个无烟城，为北方地区清洁取暖做出了巨大贡献。

6.4.4.2 地热能发电

地热能发电是将地热能转变为机械能后再转变为电能的过程。我国中深层地热能发电的主力地区是高温地热资源丰富的西藏、云南西部、川西等地区，目前建成投产的地热能发电项目多采用闪蒸发电技术、有机朗肯循环技术。截至2019年年底，我国地热能发电装机容量从“十二五”末的27.28MW增至49.08MW，新增21.8MW。受我国地热电价政策以及装备技术等因素影响，20世纪建成的部分地热电站已关停，目前仅有位于西藏的羊易地热电站、羊八井地热电站在继续运行。地热能发电规模整体增长缓慢。

根据可利用的地热资源的特点以及采用的技术方案，地热发电可分为地热蒸汽、地下热水、联合循环和地下热岩发电。

(1) 地热蒸汽发电

主要采用两种发电机，一种是背压式汽轮机发电，另一种是蒸汽式汽轮发电机。背压式汽轮机发电的原理是干蒸汽从蒸汽井中引出，先将蒸汽中携带的岩屑和水滴分离出来，然后使蒸汽推动汽轮发电机组发电。这是最简单的发电方式，大多用于地热蒸汽中不凝结气体含量很高的场合。但是干蒸汽资源有限，并且多存于较深的地层，开发技术难度大。蒸汽式汽轮发电机的原理是做功后的蒸汽通常排入混合式凝汽器，冷却后再排出。在该系统中，蒸汽在汽轮机中能膨胀到很低的压力，所以能做出更多的功。该系统结构简单，适用于高温（160℃以上）地热田的发电。

(2) 地下热水发电

地下热水发电的主要形式又可分为闪蒸（也称为扩容法地热发电）和双循环（也称为中间介质法地热发电）。

闪蒸地热发电是将地热井口引来的地热水，先送到闪蒸器中进行降压闪蒸（或称扩容），使其产生部分蒸汽，再引到常规汽轮机做功发电，汽轮机排出的蒸汽在混合式凝汽器内冷凝成水，送往冷却塔分离器中，剩下的含盐水排入环境或打入地下，或引入作为第二级低压闪蒸分离器中，分离出低压蒸汽引入汽轮机的中部某一级膨胀做功。这种方法又可以分为单级闪蒸法、两级闪蒸法和全流法等。采用闪蒸法的地热电站，热水温度低于100℃时，全热力系统处于负压状态。这种电站设备简单，易于制造，可以采用混合式热交换器。其缺点是设备尺寸大，容易腐蚀结垢，热效率较低。由于直接以地下热水蒸汽为工质，这种电站对地下热水的温度、矿化度以及不凝气体含量等有较高的要求。双循环式地热发电系统是通过热交换器利用地下热水来加热某种低沸点的工质，使之变为蒸汽，然后以此蒸汽推动气轮机并带动发电机发电。在这种发电系统中采用了两种流体，一种是以地热流体作热源，它在蒸汽发生器中被冷却后排入环境或打入地下；另一种是以低沸点工质流体作为工作介质（如异戊烷、异丁烷、正丁烷、氯丁烷等）。这种工质在蒸汽发生器内由于吸收了地热水放出的热量而汽化，产生的低沸点工质蒸汽送入汽轮机发电机组发电。做完功后的蒸汽，由汽轮机排出，并在冷凝器中冷凝成液体，然后经循环泵打回蒸汽发生器再循环工作。该方式分为单级中间介质法系统和双级（或多级）中间介质法系统。这一系统的优点是能够更充分地利用地下热水的热量，降低发电的热水消耗率，缺点是增加了投资和运行的复杂性。

（3）联合循环发电

联合循环地热发电系统就是把蒸汽发电和地热水发电两种系统合二为一。它最大的优点就是适用于高于 150℃的高温地热流体发电，经过一次发电后的流体，在不低于 120℃的工况下。再进入双工质发电系统，进行二次做功，充分利用了地热流体的热能，既提高了发电效率，又将经过一次发电后的排放尾水进行再利用，大大节约了资源。该机组目前已经在一些国家安装运行，经济效益和环境效益都很好。这类地热发电模式在实际应用的过程中，其运行系统处于一种全封闭的环境，进而对生态环境造成的影响是微乎其微的。此外，由于这类发电系统自身的环保性，使得地热田的实际应用寿命得到一定程度的延长。

（4）地下热岩石发电

先通过压力泵将水压入地下 4～6km 深处，此处岩石层的温度大约在 200℃。水在高温岩石层被加热后，通过管道加压被提取到地面并输入到热交换器中，热交换器推动汽轮发电机将热能转化成电能。同时，推动汽轮机工作的热水经冷却后可重新输入地下供循环使用。

6.4.4.3　其他利用方式

地热温泉洗浴、康养、农业养殖等也是我国地热能利用的重要方式。在农业生产中，热带水产养殖、温室作物种植、反季节作物的种植均需要由锅炉提供所需热量。我国企业先后在北京、天津、河北、山东、陕西等地区建成了一批地热花卉种植、地热水产养殖、地热温室大棚等项目，既充分利用了当地丰富的自然资源，又降低了项目的运行成本，产生了良好的环境效益和商业价值，扩展了地热能开发利用的新模式。

6.4.5 我国地热能发展机遇

6.4.5.1 市场需求分析

我国城镇化的快速发展、对清洁取暖的巨大需求等因素导致我国地热能市场仍然广阔。

一是我国北方清洁取暖地区。我国北方清洁取暖需求迫切，对地热能提出了巨大的需求。目前，北方地区清洁取暖工程范围仍在不断扩容，其中城市核心地区的供暖市场多采用热电联产、燃煤锅炉等热源形式，供热管网与城市规划同期建设，市场已经趋于饱和，地热能等清洁能源的开拓市场较小。但是，在县城、城乡接合部以及农村地区集中供暖尚未得到大面积的开展。过去几年我国开展了一系列煤改电工程，尽管取得了良好的环境收益，但经测算电采暖运行费用远高于使用散煤，需要持续投入大量补贴才能继续开展。而地热能供暖项目具有初投资较大、运行费用低的特点，仅需要一次性补贴就可以实现清洁供暖的可持续性发展，为地热能发展提供了广阔市场。

二是长江经济带。我国强制供暖线“秦岭—淮河线”以南的武汉、上海等长江流域地区已经符合了集中供暖的标准。同时在冬季季风的影响下，我国南方地区湿度较大，冬天体感温度低，导致室内舒适度较差。在此背景下，关于强制供暖界线向南扩展的呼声越来越高，目前“秦岭—淮河线”以南的某些城市已出现集中供暖现象。长江流域经济发达，人民群众对美好生活的追求为浅层地热能发展提供了广阔的市场空间。充分利用南方冬冷夏热地区降水量大、水系丰富的特点，因地制宜地开展以地表水源热泵技术、土壤源热泵技术为主的浅层地热能开发利用就成为这些地区的首选，能保障长江经济带沿线人民群众温暖过冬、清爽度夏。

三是特色农业及康养旅游业。地热能可以广泛应用在种植、养殖、康养和旅游等方面，通过建设低耗能、零排放的地热温室大棚和水产养殖温室，成功克服北方地区冬季气温低的缺点，解决冬季蔬菜育苗和鱼类越冬问题，推进农业产业绿色发展，打造可持续发展的农业产业。充分利用地热水的医用价值，打造温泉康养产业，进一步延伸地热能开发利用产业链，将为地热能产业的发展提供更多的市场机遇。

6.4.5.2　有利的政策支持

国家大气污染治理和清洁取暖方面的政策将继续推动地热能产业发展。从国内外地热能发展历史沿革来看，地热能产业的发展与政府引导和政策支持呈正相关性。2020 年年初，我国多地纷纷出台了新的大气污染治理条例。一系列大气治理政策的出台将继续对我国地热能产业发展形成有力保障，我国地热能产业高质量快速发展的趋势将得以延续。

6.4.6　我国地热未来发展趋势

① 我国地热资源储量丰富，地源热泵具有应用范围广、一机多用、节能环保等显著优势，可根据当地热储条件，选用适宜的地源热泵形式，将蕴藏在地下水、地表水或土壤中的地热能用于建筑供能。

② 目前浅层地埋管地源热泵供暖技术是使用最广泛、技术最成熟的工程应用形式。因此，在实现碳达峰、碳中和目标的过程中，浅层地热能将作出巨大贡献。中深层地源热泵供暖技术近年来获得了快速发展，但目前仍存在冷热不平衡、热枯竭、采灌不均衡引起的地面沉降等问题，未来在系统经济性与可持续利用方面仍需进一步研究。

③ 为了实现地热能资源的可持续开采和地源热泵系统的高效利用，应当从地热资源勘探、开采、利用等多方面进行技术突破。与此同时，应开发更多井下换热形式，提高换热效率，并将地上与地下充分匹配融合，发展多能耦合的供能系统，提高投资回报率，使地源热泵系统具有更强的市场竞争力。

参考文献

[1] 郑体宽. 热力发电厂[M]. 2 版. 北京：中国电力出版社，2008.

[2] 叶涛. 热力发电厂[M]. 3 版. 北京：中国电力出版社，2012.

[3] 张燕平. 热力发电厂[M]. 6 版. 北京：中国电力出版社，2020.

[4] 陈海平. 热力发电厂[M]. 6 版. 北京：中国电力出版社，2018.

[5] 汪卫东. 热力发电厂[M]. 北京：中国电力出版社，2012.

[6] 张耀明. 太阳能热发电技术[M]. 北京：化学工业出版社，2015.

[7] 饶政华. 太阳能热利用原理与技术[M]. 北京：化学工业出版社，2020.

[8] 张燕侠. 热力发电厂[M]. 2 版. 北京：中国电力出版社，2006.

[9] 李慧君. 火电厂热力设备及运行[M]. 北京：中国电力出版社，2018.

[10] 张琦. 发电厂热力系统及设备[M]. 北京：冶金工业出版社，2015.

[11] 张磊，马明礼. 汽轮机设备与运行[M]. 北京：中国电力出版社，2008.

[12] 杨义波，刘志真. 发电厂热力系统分析及运行[M]. 北京：中国电力出版社，2015.

[13] 刘蓉莉. 火电厂动力设备[M]. 北京：中国电力出版社，2014.

[14] 焦海峰. 电厂热力设备及系统[M]. 北京：中国电力出版社，2016.

[15] Casal F G，Kesselring P，Winter C J. Solar Thermal Power Plants[M]. Berlin：Springer，2009.

[16] 廖春晖，赵加宁，王磊. 国内外热电联产性能评价指标介绍与分析[J]. 煤气与热力，2012，32(1)：12-17.

[17] 薛志峰，刘晓华，付林，等. 一种评价能源利用方式的新方法[J]. 太阳能学报，2006(4)：349-355.

[18] 虞正发. 热电厂热化系数与燃料节约量的探讨[J]. 能源研究与信息，1995(2)：1-3.

[19] 莫一波，黄柳燕，袁朝兴，等. 地热能发电技术研究综述[J]. 东方电气评论，2019，33(2)：76-80.

[20] 刘莎，张元舒，王子刚. 蒸汽冷却器连接方式对热力系统经济性影响分析[J]. 金陵科技学院学报，2016，32(1)：20-24.

[21] 江号叶. 火电厂除氧设备热经济性分析[J]. 应用能源技术，2014(5)：39-43.

[22] 李威，贾洪钢，张建宇. 发电厂的汽水损失及其补充系统的论述[J]. 赤峰学院学报(自然科学版)，2009，25(10)：120-121.

[23] 余少祥. 我国核电发展的现状、问题与对策建议[J]. 华北电力大学学报(社会科学版)，2020(5)：1-9.

[24] 舟丹. 地热能发电的开发利用[J]. 中外能源，2014，19(11)：10.

[25] 舟丹. 世界地热利用现状[J]. 中外能源，2022，27(2)：96.

[26] 徐耀兵，王敏，潘军，等. 地热资源发电技术特点及发展方向[J]. 中外能源，2012，17(7)：29-34.

[27] 周支柱. 地热能发电的工程技术[J]. 动力工程，2009，29(12)：1160-1163，1174.

[28] 刘久荣. 地热回灌的发展现状[J]. 水文地质工程地质，2003(3)：100-104.

[29] 李天舒，王惠民，黄嘉超，等. 我国地热能利用现状与发展机遇分析[J]. 石油化工管理干部学院学报，2020，22(3)：62-66.

[30] 王贵玲，杨轩，马凌，等. 地热能供热技术的应用现状及发展趋势[J]. 华电技术，2021，43(11)：15-24.